城市污水处理提质增效理论与实践

——以徐州市为例

杨翠萍　张　舒　编著

中国矿业大学出版社
· 徐州 ·

图书在版编目(CIP)数据

城市污水处理提质增效理论与实践:以徐州市为例 / 杨翠萍,张舒著. —徐州 :中国矿业大学出版社, 2023.9

ISBN 978-7-5646-5969-1

Ⅰ. ①城… Ⅱ. ①杨… ②张… Ⅲ. ①城市污水处理—研究 Ⅳ. ①X703

中国国家版本馆 CIP 数据核字(2023)第 183411 号

书　　名　城市污水处理提质增效理论与实践——以徐州市为例
编 著 者　杨翠萍　张　舒
责任编辑　褚建萍
出版发行　中国矿业大学出版社有限责任公司
　　　　　　(江苏省徐州市解放南路　邮编 221008)
营销热线　(0516)83885370　83884103
出版服务　(0516)83995789　83884920
网　　址　http://www.cumtp.com　**E-mail**:cumtpvip@cumtp.com
印　　刷　苏州市古得堡数码印刷有限公司
开　　本　787 mm×1092 mm　1/16　**印张** 11.25　**字数** 220 千字
版次印次　2023 年 9 月第 1 版　2023 年 9 月第 1 次印刷
定　　价　67.50 元

前　言

实施污水处理提质增效三年行动、提高城市水生态建设水平，是全面贯彻习近平总书记生态文明思想的具体举措，是践行新发展理念、统筹推进“五位一体”总体布局、推动实现高质量发展的需要，也是从根本上解决城市排水和污水处理方面突出问题的迫切需要。住房和城乡建设部、生态环境部和国家发展和改革委员会等三部委联合发布的《城镇污水处理提质增效三年行动方案(2019—2021年)》，江苏省住房和城乡建设厅、生态环境厅、发展和改革委员会发布的《江苏省城镇生活污水处理提质增效三年行动实施方案(2019—2021年)》，都对污水处理提质增效提出了明确的工作目标要求。

本书共分两篇，第一篇为理论和技术，主要梳理了城市污水提质增效工作需要的主要理论和技术，第二篇为工程和实践，总结了徐州市推动城市污水提质增效所开展的主要工作，由于规划及方案工作主要是在2019年和2020年完成的，涉及的数据主要在2019年之前，特此说明。具体的，第1章主要介绍了排水管网系统的基础理论和污水提质增效对排水管网的相应要求；第2章主要介绍了排水管网排查、修复及养护方面的理论和技术；第3章主要介绍了城市点面源污染控制技术；第4章主要介绍了污水处理厂提标改造主要技术；第5章主要介绍了污泥处理与处置技术；第6章主要分析了徐州市城市污水处理现状；第7章介绍了徐州市污水管网建设与修复工作；第8章主要介绍了徐州市厂站能力建设与提升工作；第9和第10章分别举例介绍了徐州市污水处理厂“一厂一策”工作和“达标区”建设工作。希望通过本书，能够为行业从业人员提供参考，助力城市污水提质增效工作的实施。

各章编写分工如下：徐州市水利工程建设管理中心杨翠萍编著第5章、第6章、第7章、第8章；徐州市水利建筑设计研究院有限公司张舒编著第1章、第2章、第3章、第4章、第9章、第10章。

由于编著者知识水平有限，经验不足，书中难免出现纰漏、错误和不妥之处，热情欢迎广大读者不吝赐教。

编著者

2023年5月

目　录

第一篇　理论和技术

第二篇　工程和实践

第一篇　理论和技术

第 1 章　排水管网系统

1.1　功能与组成

1. 排水管网系统的功能

排水管网系统是给水排水管网系统的重要组成部分，给水排水管网系统的功能和组成如图 1.1.1 所示。其中排水管网系统主要承担污废水收集、输送、高程或压力调节和水量调节任务，起到防止环境污染和防治洪涝灾害的作用。

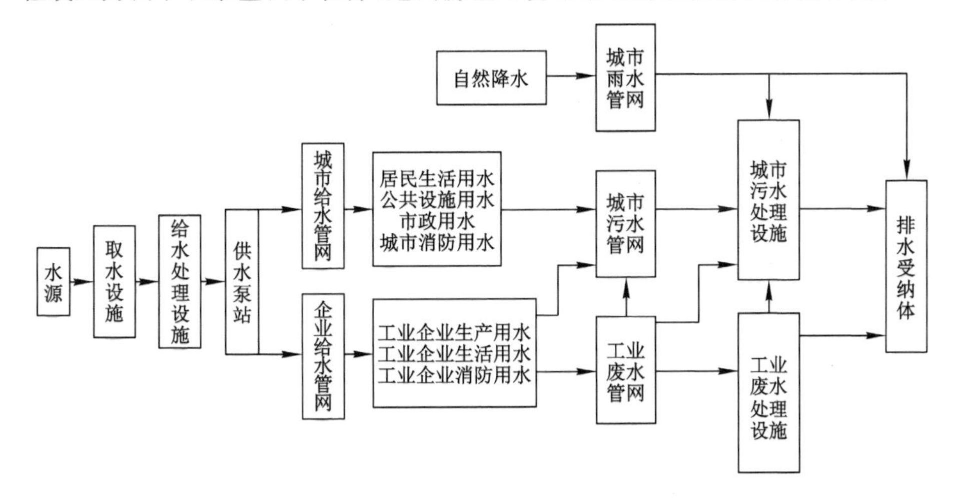

图 1.1.1　给水排水系统的功能和组成

排水管网系统具有以下功能：

（1）水量输送，即实现一定水量的位置迁移，满足用水与排水的地点要求；

（2）水量调节，即采用贮水措施解决供水、用水与排水的水量不平均问题；

（3）水压调节，即采用加压和减压措施调节水的压力，满足水输送、使用和排放的能量要求。

给水排水管网系统具有一般网络系统的特点，即分散性（覆盖整个用水区域）、连通性（各部分之间的水量、水压和水质紧密关联且相互作用）、传输性（水量输送、能量传递）、扩展性（可以向内部或外部扩展，一般分多次建成）等。同时给水排水管网系统又具有与一般网络系统不同的特点，如隐蔽性强、外部干扰因素多、容易发生事故、基建投资费用大、扩建改建频繁、运行管理复杂等。

2. 排水管网系统的组成

排水管网系统一般由废水收集设施、排水管网、水量调节池、提升泵站、废水输水管(渠)和废水排放口等构成。

(1) 废水收集设施

它们是排水系统的起始点。用户排出的废水一般直接排到用户的室外窨井,通过连接窨井的排水支管将废水收集到排水管道系统中,如图 1.1.2 所示。雨水的收集是通过设在屋面或地面的雨水口将雨水收集到雨水排水支管,如图 1.1.3 所示。

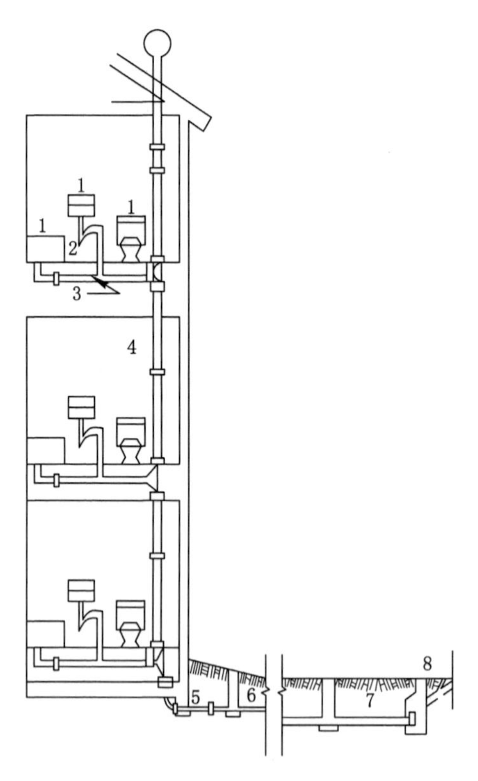

1—卫生设备和厨房设备;2—存水弯(水封);3—支管;4—竖管;
5—房屋出流管;6—庭院沟管;7—连接支管;8—窨井。

图 1.1.2 生活污水收集管道系统

(2) 排水管网

排水管网是指分布于排水区域内的排水管(渠)道网络,其功能是将收集到的污水、废水和雨水等输送到处理地点或排放口,以便集中处理或排放。

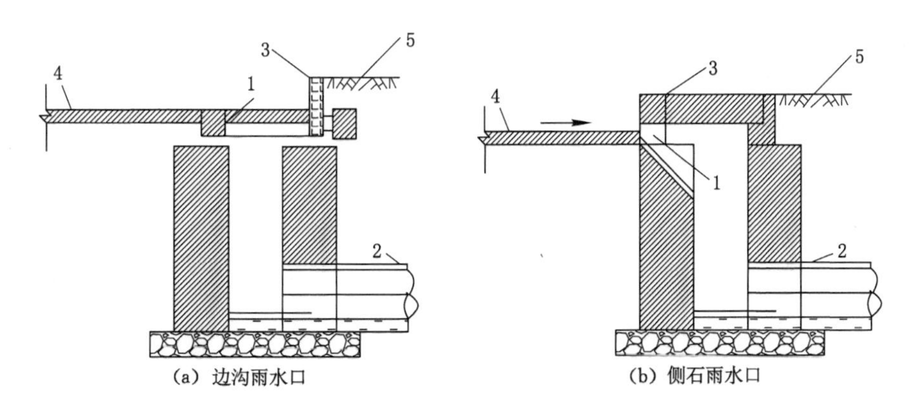

1—雨水进口；2—连接管；3—侧石；4—道路；5—人行道。

图 1.1.3　道路路面雨水排水口

排水管网由支管、干管、主干管等构成，一般沿地面高程由高向低布置成树状网络。排水管网中设置雨水口、检查井、跌水井、溢流井、水封井、换气井等附属构筑物及流量等检测设施，便于系统的运行与维护管理。由于污水含有大量的漂浮物和气体，所以污水管网的管道一般采用非满管流，以保留漂浮物和气体的流动空间。雨水管网的管道一般采用满管流。工业废水的输送管道是采用满管流还是非满管流，则应根据水质的特性决定。

(3) 水量调节池

水量调节池是指具有一定容积的污水、废水或雨水贮存设施，用于调节排水管网流量与输水量或处理水量的差值。通过水量调节池可以降低其下游高峰排水流量，从而减小输水管(渠)或排水处理设施的设计规模，降低工程造价。

水量调节池还可在系统故障时贮存短时间排水量，以降低造成环境污染的危险。水量调节池也能起到均和水质的作用，特别是工业废水，不同工厂或不同车间排水水质不同，不同时段排水的水质也会变化，不利于净化处理，调节池可以中和酸碱，均化水质。

(4) 提升泵站

提升泵站的作用是通过水泵提升排水的高程或使排水加压输送。排水在重力输送过程中，高程不断降低，当地面较平坦时，输送一定距离后管道的埋深会很大(例如，当达到 5 m 以上时)，建设费用很高，通过水泵提升可以降低管道埋深，从而降低工程费用。另外，为了使排水能够进入处理构筑物或达到排放的高程，也需要进行提升或加压。

提升泵站根据需要设置，较大规模的管网或需要长距离输送时，可能需要设置多座泵站。

(5) 废水输水管(渠)

废水输水管(渠)是指长距离输送废水的压力管道或渠道。为了保护环境，排水处理设施往往建在离城市较远的地区，排放口也选在远离城市的水体下游，这就需要长距离输送。

(6) 废水排放口

废水排放口是指排水管道的末端，与接纳废水的水体连接。为了保证废水排放口稳定，或者使废水能够比较均匀地与接纳水体混合，需要合理设置废水排放口。废水排放口有多种形式，常用的分为两种：一种是岸边式排放口，具有较好的防止冲刷能力；第二种是分散式排放口，可使废水与接纳水体均匀混合。

1.2 排水体制分类

排水体制是指收集、输送污水和雨水的方式。在城市和工业企业中废水分为生活污水、工业废水和雨水三种类型。在同一个区域内，它们既可采用同一个排水管网系统来排除，也可采用两个或两个以上各自独立的分质排水管网系统来排除。

排水系统主要有合流制和分流制两种。

(1) 合流制排水系统

合流制排水系统是将生活污水、工业废水和雨水混合在同一管(渠)道内排出的系统。早期建设的合流制排水系统，是将排出的混合污水不经处理直接就近排入水体，国内外很多老城市早期几乎都是采用这种合流制排水系统，如图 1.2.1 所示，叫作直排式合流制排水系统。

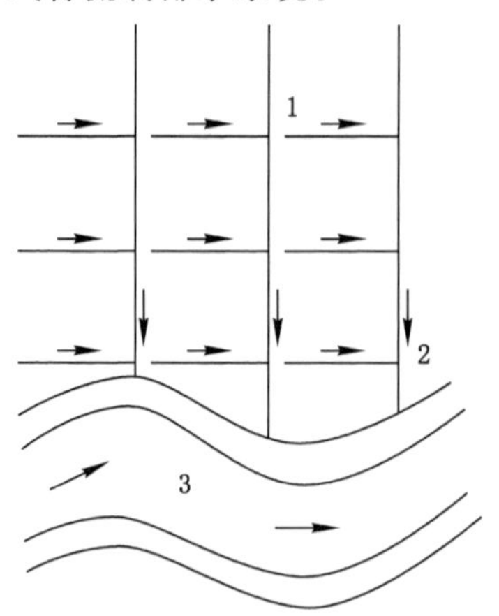

1—合流支管；2—合流干管；3—河流。

图 1.2.1　直排式合流制排水系统

由于污水未经无害化处理就排放，使受纳水体遭受严重污染。所以目前常采用的是截流式合流制排水系统，如图 1.2.2 所示。这种系统是在临河岸边建造一条截流干管，同时在合流干管与截流干管相交前或相交处设置截流井，并在截流干管下游设置污水厂。晴天和初降雨时所有污水都排至污水厂，经处理后排入水体；随着降雨量的增加，雨水径流也增加，当混合污水的流量超过截流干管的输水能力后，就有部分混合污水经截流井溢出，直接排入水体。截流式合流制排水系统较前一种方式前进了一大步，但仍有部分混合污水未经处理直接排放，使水体遭受污染，这是它的缺点。然而，由于截流式合流制排水系统在旧城市的排水系统改造中比较简单易行，节省投资，并能大量降低污染物的排放。因此，国内外在改造老城市的合流制排水系统时，通常采用这种方式。

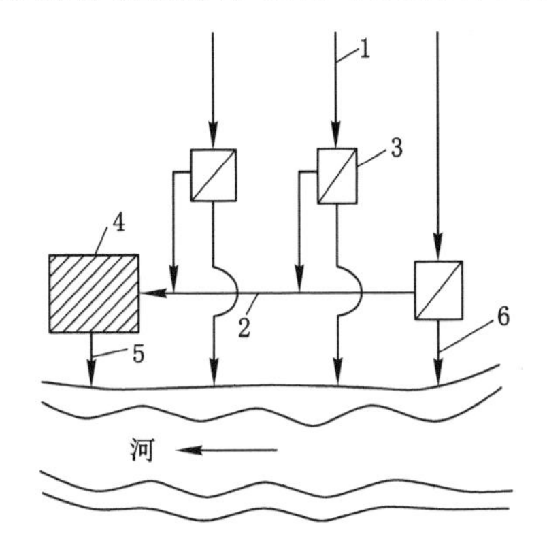

1—合流干管；2—截流主干管；3—溢流井；4—污水厂；5—出水口；6—溢流出水口；

图 1.2.2　截流式合流制排水系统

(2) 分流制排水系统

分流制排水系统是将生活污水、工业废水和雨水分别在两个或两个以上各自独立的管(渠)道系统内排出的排水系统，如图 1.2.3 和图 1.2.4 所示均为分流制排水系统。

排除城镇污水或工业废水的系统称污水排水系统；排除雨水(道路冲洗水)的系统称为雨水排水系统。

由于排除雨水方式的不同，分流制排水系统又分为完全分流制和不完全分流制两种排水系统，图 1.2.3 为完全分流制；图 1.2.4 为不完全分流制。在城市中，完全分流制排水系统包括污水排水系统和雨水排水系统，而不完全分流制只具有污水排水系统，未建雨水排水系统，雨水沿天然地面、街道边沟、水渠等原有渠道系统排泄，或者为了补充原有渠道系统输水能力的不足而修建部分雨水道，待城市进一步发展后再修建雨水排水系统，使之转变成完全分流制排水系统。

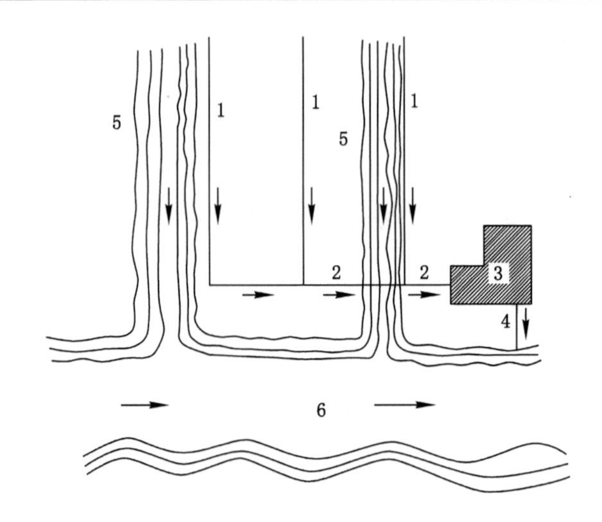

1—污水干管;2—污水主干管;3—污水厂;4—排水口;5—雨水干管;6—河流。

图 1.2.3　完全分流制排水系统

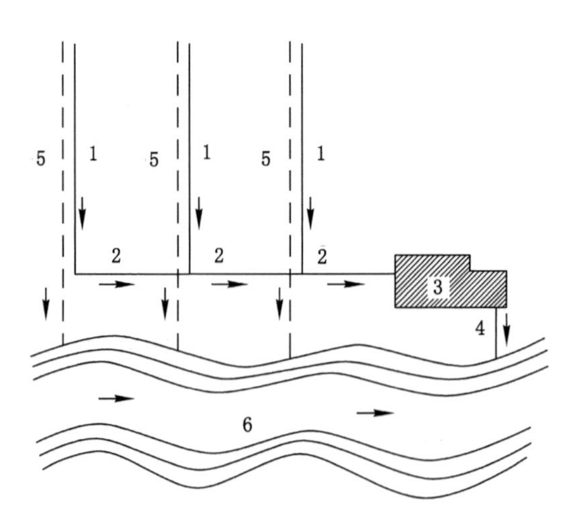

1—污水干管;2—污水主干管;3—污水厂;4—排水口;5—明渠或小河;6—河流。

图 1.2.4　不完全分流制排水系统

在工业企业中,一般采用分流制排水系统。然而由于工业废水成分和性质很复杂,不但与生活污水不宜混合,且不同工业废水之间也不宜混合,否则将造成污水和污泥处理复杂化,给废水重复利用和回收有用物质造成很大困难。所以,在多数情况下,工业企业污水采用分质分流、清污分流的几种管道系统分别排出。当生产污水的成分和性质同生活污水类似时,可将生活污水和生产污水用同一管道系统排放。水质较清洁的生产废水可直接排入雨水道,或循环使用和重复利用。生活污水、生产污水、雨水分别设置独立的管道系统。含有特殊污染物质的有害生产污水，不容许与生活污水或生产污水直接混合排放，应在车间附近设置局部处理设施。冷却废水经冷却后在生产中循环使用。在条件许可的情况下，工业企业的生活污水和生产污水应直接排入城市污水管道。

在一座城市中，有时是混合排水体制，即既有分流制也有合流制的排水系统。在大城市中，因各区域的自然条件以及城市发展可能相差较大，因地制宜地在各区域采用不同的排水体制也是合理的。

合理地选择排水系统的体制，是城市和工业企业排水系统规划和设计的重要问题。排水系统体制的选择，不仅从根本上影响排水系统的设计、施工、维护管理，而且对城市和工业企业的规划和环境保护影响深远，同时也影响排水系统工程建设的投资费用和运行管理费用。

在环境保护方面，如果采用合流制将城市生活污水、工业废水和雨水全部截流送往污水厂进行处理，然后再排放，从控制和防止水体的污染来看，是较好的，但这时截流主干管尺寸很大，污水厂规模也增大很多，建设费用也相应增加。分流制是将城市污水全部送至污水厂进行处理，雨水未加处理直接进入水体。但分流制中的初雨径流会对城市水体造成污染，有时还很严重。分流制虽然有这一不足，但它比较灵活，比较容易适应社会发展的需要，又能符合城市卫生的一般要求。

在投资费用方面，据国内外经验，合流制排水管道的造价比完全分流制一般要低 20％～40％，但是合流制的泵站和污水厂却比分流制的造价要高。从初期投资来看，不完全分流制因初期只建污水排水系统，因而可节省初期投资费用，此外，又可缩短施工期，发挥工程效益快。因为合流制和完全分流制的初期投资均比不完全分流制要大，所以，我国过去很多新建的工业基地和居住区在建设初期经常采用不完全分流制排水系统。

在维护管理方面，晴天时污水在合流制管道中只占一小部分过水断面，雨天时才接近满管流，因而晴天时合流制管内流速较低，易产生沉淀。但据经验，管中的沉淀物易被暴雨水流冲走，这样，合流管道的维护管理费用可以降低。但是，晴天和雨天时流入污水厂的水量变化很大，增加了合流制排水系统中的污水厂运行管理的复杂性。而分流制系统可以保持管内的流速，不致发生沉淀，同时，流入污水厂的水量和水质比合流制稳定得多，污水厂的运行易于控制。

我国《室外排水设计标准》(GB 50014—2021)规定，在新建地区排水系统一般采用分流制。但在附近有水量充沛的河流或近海，发展受到限制的小城镇地区，在街道较窄和地下设施较多的地区，修建污水和雨水两条管线有较多困难，或在雨水稀少，废水全部处理的地区等，采用合流制排水系统，可能是有利和合理的。

1.3 基本原理

排水管网系统在实际工作中主要运用重力流和压力流原理。

当排水输送到处理厂后，通常会先贮存到均和池中，并在处理和排放（或复用）过程中进行一到两级提升。如果处理厂所处地势较低，排水可以依靠重力自流进入处理设施，处理完后再进行提升排放或复用；如果处理厂所处地势较高，排水则需要经提升后进入处理设施，处理完后靠重力自流排放或复用。在更多的情况下，排水需要经过提升后进入处理设施，处理完后再次提升排放或复用。

重力流原理主要依赖于排水管线的深埋坡度。排水系统首先利用给水系统的压力传递，也就是说，当用户用水所处位置越高时，排水源头的位能（水头）越大。排水系统通常利用地形的重力输水，只有当管渠埋深太大时，才使用排水泵站进行提升。

压力流原理包括虹吸式原理和排水泵的提升作用。随着建筑行业的迅速发展，压力流虹吸式雨水排水系统得到了更加广泛的应用，而虹吸式排水管网主要运用于屋面排水管网系统。

1.4 布置原则与形式

1. 排水管网布置原则

（1）根据城市整体规划，结合当地实际情况布置排水管网，并进行多方案技术经济比较。

（2）先确定排水区域和排水体制，然后布置排水管网，按照从干管到支管的顺序进行布置。

（3）充分利用地形，采用重力流排除污水和雨水，并使管线最短和埋深最小。

（4）协调好与其他管道、电缆和道路等工程的关系，考虑好与企业内部管网的衔接。

（5）规划设计要考虑到管道施工、运行和维护的方便。

（6）规划设计要近远期结合，考虑发展，尽可能安排分期实施。

2. 排水管网布置形式

排水管网一般布置成树状网，根据地形不同，可采用两种基本布置形式：平行式和正交式。

（1）平行式：平行式布置的特点是排水干管与等高线平行，而主干管则与等高线基本垂直，如图 1.4.1 所示。该布置方式适用于地形坡度较大的城市，这样可以减少管道埋深，改善管道的水力条件，避免采用过多的跌水井。

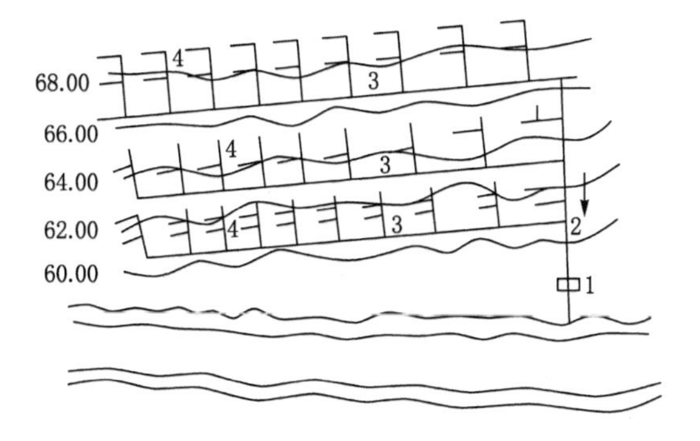

1—污水处理厂；2—主干管；3—干管；4—支管。

图 1.4.1　平行式排水管网布置基本形式

(2) 正交式：正交式布置的特点是排水干管与等高线垂直相交，而主干管与等高线平行敷设，如图 1.4.2 所示。该布置方式适用于地形比较平坦、略向一边倾斜的城市。

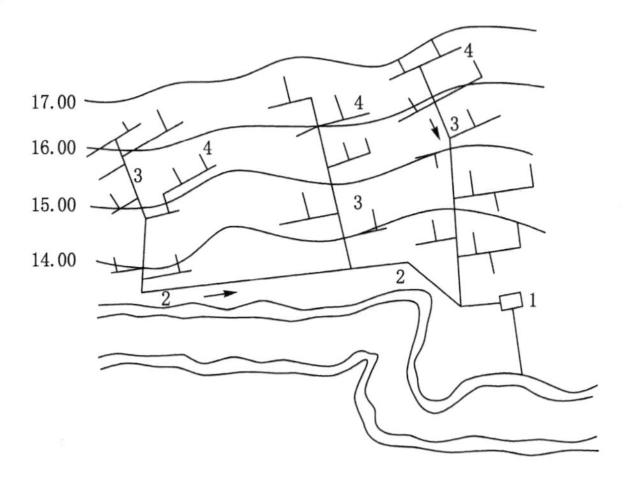

1—污水处理厂；2—主干管；3—干管；4—支管。

图 1.4.2　正交式排水管网布置基本形式

第 2 章　排水管网的排查、修复

2.1　污水直排口的排查及处理

2.1.1　污水直排的来源及危害

水资源是生产生活的重要资源，但它的污染问题一直牵动着百姓的心，而污水是水污染的“罪魁祸首”，因此要从根本上治理好水环境，污水的治理十分关键。近年来，随着我国城镇化水平稳步提升，随之而来的是生产生活污水排放加速，生产生活污水混排、偷排现象频发，水体黑臭，水生生物大量死亡的现象时有发生，严重破坏了城市水环境生态。

污水直排是导致城市水体黑臭的主要原因。污水直排，顾名思义就是污水不经过处理就直接排放到雨水管道、沟渠或者其他水体中。对应地，直排口的含义就是有污水直排水体的雨水管道排水口、污水管道排水口和晴天截流管道排水口。在城镇生产生活中，直排污水的来源主要包括以下几个方面：① 生活区，人的生活、消费和服务过程中所产生的各类污水，包括生活区内食堂、幼儿园等附属设施；②工业园区，工业生产所产生的各类污水，包括各类涉水排放的工业企业；③ 六小行业，包括小餐饮、洗车、美容美发、洗涤、旅馆和洗浴等各类涉水排放小行业。

生活区中的污水主体是生活污水，生活污水是家庭日常生活中产生的废水。生活污水直排的危害包括以下几个方面：① 生活污水中往往含有大量的病原微生物，病原微生物数量大，分布广，存活时间长，繁殖速度快，若不加以处理就直接排放，病原体利用污水中的有机物大量繁殖，可造成以水为媒介的传染病的发生。② 好氧有机物污染，有机物的共同特点是进入水体后通过微生物的生化作用分解为简单的无机物质，在分解过程中需要消耗水中的溶解氧，在缺氧条件下污染物就发生腐败分解，恶化水质，水体中好氧有机物越多，耗氧量越大，水质也越差，水体污染越严重。③ 水体富营养化污染，生活污水中含有大量的氮、磷等营养物质，若不加以处理就直接排放，会引起藻类及其他浮游生物迅速繁殖，水体溶解氧量下降，水质恶化。④ 生活污水直排会导致恶臭，恶臭会妨碍正常的呼吸功能，使消化功能减退，精神烦躁不安等，长期在恶臭环境下会造成嗅觉障碍，损伤中枢神经、大脑皮层的兴奋和调节功能。⑤ 造成水体酸碱盐污染，酸碱污染使水体 pH 值发生变化，破坏其缓冲作用，消灭或抑制微生物的生长，妨碍水体自净，还可腐蚀桥梁，船舶；酸与碱往往同时进入水体，中和之后可产生某些盐类，成为水体的新污染物，无机盐的增加提高了水的渗透压，对淡水植物和植物生长产生不良影响。⑥ 导致地下水硬度提高，高硬水，尤其是永久硬度高的水的危害表现为多方面：引起消化道功能紊乱、腹泻，耗能多，影响水壶、锅炉寿命，锅炉用水结垢，易造成爆炸。

工业园区产生的污水是指工业生产排放的工业废水。随着我国经济的快速发展，工业园区逐渐扩大，工业废水量也在逐年增长。工业废水直排的危害包括：① 大多数的工业废水排放都会对水体产生污染，且污染程度取决于废水中存在的物质。有些污染物质本身无毒性，但由于量大或浓度高而对水体产生危害。例如排入水体的有机物超过允许量时，水体会出现厌氧腐败现象；大量无机物流入时，会使水体内盐类浓度增高，造成渗透压改变，对水生生物造成不良的影响。② 含有毒物质的有机废水和无机废水的污染。例如含氰、酚等急性有毒物质、重金属等慢性有毒物质及致癌物质等造成的污染。③ 含有大量不溶性悬浮物废水的污染。例如，纸浆、纤维工业等的纤维素，选煤、选矿等排放的微细粉尘，陶瓷、采石工业排出的灰砂等。这些物质沉积水底形成“毒泥”，发生毒害事件的例子很多。④ 含油废水产生的污染。油漂浮在水面既有损美观，又会散发出令人厌恶的气味。燃点低的油类还有引起火灾的危险。动植物油脂具有腐败性，消耗水体中的溶解氧。⑤ 含高浊度和高色度废水产生的污染。引起水体光通量不足，影响生物的生长繁殖。酸性和碱性废水产生的污染，除对生物有危害作用外，还会损坏设备和器材。⑥ 含有多种污染物质废水产生的污染。各种物质之间在自然光和氧的作用下会产生化学反应并生成有害物质。例如，硫化钠和硫酸产生硫化氢，亚铁氰盐经光分解产生氰等。⑦ 含有氮、磷等工业废水产生的污染。对湖泊等封闭性水域，由于含氮、磷物质的废水流入，会使藻类及其他水生生物异常繁殖，使水体产生富营养化。

六小行业中污水直排对水环境污染程度最大的当属餐饮行业。餐饮污水的危害包括：① 餐饮污水中的油脂类物质破坏了水体的生态平衡。油脂上浮到水面，形成大片油膜，使得阳光、氧气等与水体相隔离，水体中氧气难以得到补充，导致水生生物群落病变直至死亡。若不加以有效制止，短时间内自然水体就会变黑变臭，既会严重影响自然景观，降低水体附近居民的生活质量，又破坏自然水体的生态平衡，降低了水资源的可利用度。② 当未经处理的餐饮污水直接排入市政管网后，污水中的大颗粒悬浮物、泥沙等物质在流经管道流速较低或管道下陷的管段时，就会沉积在管道中。油脂凝聚在这些物质之上，继而又黏附上更多的悬浮物质，导致管道堵塞。③ 由于管理上的漏洞和经济利益的驱动，直接排放的餐饮油污水中的大量油脂排入城市下水道后，在管道窨井口和化粪池内沉积，析出的“地沟油”被非法采集和利用，甚至被不法商贩重新加工包装成“色拉油”，引发一系列健康、卫生、安全等方面的社会问题。

随着人民生活水平逐渐提高，家庭用车成倍增长，加剧了洗车水的大量消耗与水资源短缺之间的矛盾，同时给城市水环境带来了潜在危害。洗车废水直接排入下水管道，不仅影响市容及人民生活环境，而且废水中含有的油类、有机物、表面活性剂等难降解物质，会污染周边的江湖河流，使自然生态环境受到人为破坏。此外，洗车废水中还夹带大量泥沙，长期排放这些泥沙会堵塞排水管网，导致排水不畅。其他的，美容美发、洗涤、旅馆等涉水排放小行业的污水若不处理直接排放，其中夹杂的毛发若长期积累会堵塞排水管网，导致排水不畅，其中排放的洗涤类污水还会导致水体富营养化严重。

2.1.2 排查内容和方法

1. 排查内容

污水直排口的排查内容应包括所有管道、沟、渠、涵闸、隧洞等直接向河流排放污水的排污口，还包括所有河流、滩涂、湿地等间接排放污水的排污口，重点排查通过雨水管道排放污水的雨水排口。

2. 排查方法

排查方法主要包括全面排查、监测、溯源。① 全面排查，通过降低水体水位或排空水体等方法，充分暴露所有直排口后进行调查，复合并完善原有排水口信息，建立污水排口信息名录并对其进行编号。② 监测，开展入河排污口监测，了解和掌握排污口污染物排放情况。③ 溯源，对有污水排出的排水口以及设有临时封堵设施的排水口，应从上游排水口开始，由下游到上游进行溯源。

排污口的全面排查应综合利用卫星遥感、无人机红外热感应、无人船声呐扫描和人员现场勘探等手段，对排查范围及对象全面排查。具体采用三级排查模式：第一级排查，利用卫星遥感、无人机红外热感应，按照“全覆盖”的要求开展技术排查，分析辨别疑似入河排污口；第二级排查，组织人对排查范围内汇入河流、沟渠、工业园区、城镇等的排污口进行全面排查，合理确定入河污水直排口信息，现场人工核查时，可同步开展初步溯源和监测工作；第三级排查，针对疑难点进行重点攻坚，利用无人船、管道机器人等先进设备对水下疑似直排口以及沿线工业园区河道再次进行排查，进一步完善入河排污口名录。

直排口监测应在全面排查和直排口初步分类的基础上，根据入河排污口名录，制定排污口监测方案，开展排污口水质水量监测。根据实际条件，可采取自动在线监测、人工取样监测等方式。

在现场排查初步溯源的基础上，对不能查清来源和监测数据异样的复杂排污口开展摸排溯源，在摸排中，采取的办法是：第一步，通过在相关部门、镇街、村社收集资料，对辖区内水系、市政管网建设、产业分布等进行初步了解，关注重点区域；第二步，利用技术手段，如无人机红外热感应等进行全面排查，覆盖人力难以到达的区域；第三步，分网格，采取“地毯式”排查，以村社为单位，逐个排查区域内所有排污口，同时进行监测和溯源工作。

根据调查结果，填写排水口调查表。

2.1.3　污水直排口的处理

1. 分流制排水口治理

分流制污水直排口：此类排水口应予以封堵，将污水接入污水处理系统，经过污水处理厂处理达标后排放。

分流制雨水直排口：当初期雨水是引起水体黑臭的主要原因时，采取截污调蓄措施，结合“海绵城市”建设和其他措施，消减初期雨水污染负荷，定期实施清通维护管理，减少沉积物进入水体。

分流制雨污混接雨水直排口：此类排水口不能够简单地封堵，应在重点实施排水管道雨污混接改造的同时，增设混接污水截流管道或设置截污调蓄池，截流的混接污水送入污水处理厂处理或就地处理。在沿河道无管位的情况下，混接污水截流管道可敷设在河床下，但是要采取严格的防河水入渗措施。排水口改造时，应采取防水体水倒灌措施。

分流制雨污混接截流溢流排水口：应在重点实施排水管道雨污混接改造的同时，按照能够有效截流的要求，对已有混接污水截流设施进行改造或增设截污调蓄设施。排水口改造时，应采取防水体水倒灌措施。

2. 合流制排水口治理

合流制直排排水口：增设截流设施，截流污水接入污水处理系统，经处理后达标排放。截流设施的截流倍数应结合水体水质需要，按照相关规范要求进行确定。排水口改造时，要采取防水体水倒灌措施。

合流制截流溢流排水口：截流式合流制排水口治理首先应是对截流干管和排水口的改造，截流倍数不足时，应有效提高合流制截流系统的截流倍数，保证旱天不向水体溢流。

3. 其他排水口治理

其他排水口，如沿河居民排水口，可采用沿河挂管，或者在河底敷设污水收集管道的方式。这两种方式可以有效解决污水管位问题，但是沿河挂管存在坡度不足的问题。设施的应急排水口，可以通过增加备用电源和加强设备维护，特别是加强事先保养工作，降低停电、设备事故发生引起的污水直排。

4. 处理要求

(1) 明确入河排污口分类

根据《入河(海)排污口命名与编码规则》(HJ 1235—2021)，将入河排污口分为工业排污口、城镇污水处理厂排污口、农业排口、其他排口等四种类型。医疗机构设置入河排污口的参照工业排污口中工矿企业排污口管理。

(2) 明确整治要求

按照《入河入海排污口监督管理技术指南 整治总则》(HJ 1308—2023)和“依法取缔一批、清理合并一批、规范整治一批”要求，按照“一口一策”原则制定全市整治方案，以截污治污为重点开展整治。整治工作应坚持实事求是，稳妥有序推进。对与群众生活密切相关的公共企事业单位、住宅小区等排污口的整治，应做好统筹，避免损害群众切身利益，确保整治工作安全有序；对确实有困难、短期内难以完成入河排污口整治的企事业单位，可合理设置过渡期，指导帮助整治。建立入河排污口整治销号制度，通过对入河排污口进行取缔、合并、规范，最终形成需要保留的入河排污口清单。取缔、合并的入河排污口可能影响防洪排涝、堤防安全的，要依法依规采取措施消除安全隐患。排查出的城镇雨水排口、农田退水口、沟渠、河港(涌)、排干等，结合黑臭水体整治、消除劣Ⅴ类水体、农村环境综合治理及流域环境综合治理等统筹开展整治。

(3) 依法取缔

对违反法律法规规定，在饮用水水源保护区、自然保护地及其他需要特殊保护区域内设置的入河排污口，由县(市、区)人民政府、园区管委会或市级相关部门依法采取责令拆除、关闭等措施予以取缔。要妥善处理历史遗留问题，避免“一刀切”，合理制定整治措施，确保相关区域水生态环境安全和供水安全。

(4) 清理合并

对于城镇污水收集管网覆盖范围内的生活污水散排口，原则上予以清理合并，污水依法规范接入污水收集管网。工业及其他各类园区、各类开发区内企业的现有入河排污口应清理合并，污水通过截污纳管由园区或开发区污水集中处理设施统一处理。工业及其他各类园区或各类开发区外的工矿企业，原则上一个企业只保留一个工矿企业排污口，对于厂区较大或有多个厂区的，应尽可能清理合并排污口，清理合并后确有必要保留两个及以上的，应经市生态环境局审核同意。对于集中分布、连片聚集的中小型水产养殖散排口，鼓励各地统一收集处理养殖尾水，设置统一的入河排污口。

（5）规范整治

县（市、区）人民政府和园区管委会要按照有利于明晰责任、维护管理、加强监督的要求，开展排污口规范化整治。对存在借道排污等情况的入河排污口，要组织清理违规接入排污管线的支管、支线，推动一个排污口只对应一个排污单位；对确需多个排污单位共用一个入河排污口的，要督促各排污单位分清各自责任，并在排污许可证中载明。对存在布局不合理、设施老化破损、排水不畅、检修维护难等问题的入河排污口和排污管线，应有针对性地采取调整入河排污口位置和排污管线走向、更新维护设施、设置必要的检查井等措施进行整治。入河排污口设置应当符合相关规范要求并在明显位置树标立牌，便于现场监测和监督检查。

2.2 排水管道检测技术

城市排水管网主要由排水管道、泵站、雨水口、检查井及其他一些附属设施组成，排水管网的检测主要就是针对这些设施进行状态的评估和分析。传统的检测方法主要包括人工检测及部分仪器检测。人工检测方法相对来说比较简单、方便，但对检测人员的经验具有很高的要求，在实际操作过程中也有一定的危险性，并且对于管道内部的很多区域无法实现检测。传统的人工检测方法正逐渐被其他检测方法所取代，随着管道检测仪器的不断发展，仪器检测方法已经成为城市排水管网的主要检测手段之一。常用的仪器检测技术有管道闭路电视检测、潜望镜、声呐检测、红外线温度记录分析技术、透地雷达等。

2.2.1 排水管网检测技术的现状

近年来，排水管网的在线监测技术发展迅速，国内外很多城市开展了相关的研究及应用工作。排水管网在线监测技术即通过布设在排水管网内的液位、流量、位移传感器等对管网实时的运行参数进行采集，采集得到的数据通过特定的传输网络传输至管理中心进行处理分析，从而实现对排水管网的实时监测、管理。

国外针对排水管网在线监测技术的研究及应用起步较早。20 世纪 90 年代日本为了解决东京暴雨内涝问题，建立了巨型的地下排水系统，系统应用了大量先进的计算机及自动化监测技术，实现了在中央控制室对全系统的全程监控和管理。2006 年英国也建设了城市洪水智能监测系统，通过布设的微型智能传感设备采集易涝点的水位数据，从而及时预测洪水的发生，并发出洪水警报，以便采取预防措施减少洪灾损失。此外，国外排水管网的在线监测正在向着更加信息化、智能化的方向发展，如全国联网、网上发布、便携式终端、自动化智能分析与决策以及自动病害处理等。总之，应用自动化监测手段实现排水管网的管理已经成为国外排水管网检测的主要发展方向。

国内排水管网监测技术研究起步相对较晚，但近年来相关的研究及应用成果也不断增多。由山东大学开发的排水管线在线监测系统在济南市排水管理服务中心进行了建设及应用，系统通过布置在检查井内的水位监测终端采集管道水位信息，并通过无线传输网络将数据传送至排水监测中心，监测中心通过综合分析管道内的水位和管道的空间位置关系还原出排水管网实际运行状况。镇江排水管理处为加强对城市排水系统的系统性综合化管理建立了排水系统实时监测和自动控制系统，通过在排水管网和泵站中布设水质和水位传感器，可以实现远程在线监测管网、泵站的运行状况以及污水排放点的水质。除此之外，北京、无锡、天津等城市也都开展了排水管网在线监测系统的研究及建设工作。

目前，给水管网渗漏现象普遍存在，排水设施的渗漏通常分为内渗漏和外渗漏两种，内渗漏是指排水管道或检查井等设施以外的水通过破裂、脱节和密封材料脱落等缺陷处流入管网内部，其往往伴随着管网设施周围沙土的带入。外渗漏有时也会造成路面塌陷，在地下水位低的地区，管道内的水会通过破损处冲刷管道周围土体，使土体承载能力下降或使渗漏口处产生空洞。渗漏不仅会造成水资源的浪费，影响人们的日常生活，危害人民的生命财产安全，还会因管网的修复或改造导致城市维护和运行成本增加。因此，需要对管网进行定期监测，查找渗漏位置，进而减少管网漏水事故，保障供水安全和城市水环境。鉴于城市排水管道可能出现的种种问题，在西方发达国家，对城市地下水排水管道的检测和普查平均5年进行一次。国内各大城市逐步认识到排水管道检测的重要性，引进了内窥检测设备和技术，已开始对管道进行系统的普查和检测。排水管网的检测主要就是针对排水管道、泵站、雨水口、检查井及其他一些附属设施。

2.2.2 检测技术

最早的排水管道只是为了防涝，管道的功能只是将大部分雨水排入就近的水体。随着城市的发展、人口数量不断膨胀和现代化水平不断提高，污水要收集起来集中处理，地上地下建(构)筑物密度增大，排水管道的重要性越来越显现。它除了要保证不间断运行外，还要保证在运行过程中对城市其他公共设施不构成破坏以及对人民生命财产不构成威胁，这就为新建管道或使用中的管道提出了检测的要求，特别是污水管道作为生活和工业废水收集处理的重要组成部分，其结构的严密性至关重要。管体足够的强度，管材抗疲劳抗腐蚀的耐久力，施工质量的把控，都是影响管道严密性的因素。

我国早期的管道检测手段简单落后，主要以人员巡查、开井检查和进入管道内检查为主要手段，辅以竹片、反光镜等简单工具，对于管径小于 800 mm、人员无法进入的管道基本不检查，大口径管道也只是发生重大险情时才派人员深入到管内检查，常常因管内的有毒有害气体造成人员伤亡事故。在技术标准制订方面，排水管道检测从改革开放以来，长期处于空缺，对运行中排水管道只在“通”和“不通”“坏”和“不坏”“塌”和“没塌”中做简单评价。小病不治，大病等死，粗放式的管理必然导致事故发生。

我国香港特别行政区早在 1980 年就开始对排水管道用电视手段进行检测，2009 年发布了《管道状况评价（电视检测与评估）技术规程》第 4 版，基本参照英国模式。中国台北市也于 1990 年利用 CCTV 对排水管道进行检测。2003 年初，英国的电视和声呐检测设备被引进中国上海，上海市长宁区率先开始用 CCTV 对排水管道进行检测，2004 年上海市排水管理处着手制定《上海市公共排水管道电视和声呐检测评估技术规程》，于 2005 年由上海市水务局发布试行，经过 3 年多的试行，在 2009 年，组织专家修订，由上海市质量技术监督局将此标准升格成为上海市地方标准《排水管道电视和声呐检测评估技术规程》。

排水管网的检测方法有很多，传统的检测方法主要包括人工观测法及部分仪器检测法。随着科技的创新，排水管网的检测方法更加准确具体，如管道内窥检测技术和管道外窥检测技术。管道外窥检测技术用于检测管道裂缝和周边土壤孔隙。管道裂缝引起的渗漏会使四周土壤流失，管道逐渐失去土壤的支撑，最终将导致坍陷或断裂。而土壤流失量和许多因素有关，包括管道裂缝大小、接口尺寸、地下水位、土壤性质等。因此，检测管道的裂缝和四周土壤的孔隙非常重要。管道内窥检测技术用于对管道变形、壁厚和腐蚀情况进行智能化检测和监控，用数据或图像的形式再现管道的详细情况，并对计算机处理结果进行综合分析，将管道运行状况分为不同等级。这样就可以在开挖和修理之前，对管道损坏的位置和程度进行全面评估，为制订管道维修计划提供参考，以便采用不同的修复方法，及时、经济地进行修复。

1. 人工观测法

人工观测法是指通过人眼观察的方法来查看排水管道外部与内部状况的检测方法。人工观测法可以分为地面巡视、开井目测、人员进管观测三种。该类方法由于受检查人员自身职业素养的制约，检查结果往往带有一定的主观性，必要时需要借助 CCTV 或声呐等技术手段对管道进行进一步的检测。目测人员须具备必要的管道检查判读知识和经验，熟练掌握各种病害的表象。对病害的描述做到既要定性、又要定量，并且在检查现场应做好记录。

(1) 地面巡视

地面巡视是指专业检查人员在路面通过观察管渠、检查井、井盖、雨水箅和雨水口周围的表象来判断设施的完好程度以及水流畅通情况的检测方法。巡视的主要内容包括:

① 管道上方路面沉降、裂缝和积水情况;

② 管道和附属设施上方的违章占压情况;

③ 雨水箅被杂物遮蔽情况以及检查井冒溢和雨水口积水情况;

④ 井盖、盖框、雨水箅、单向阀等完好程度;

⑤ 检查井和雨水口周围的异味情况;

⑥ 冰雪直接进入管道情况;

⑦ 市民投诉及其他异常情况。

巡视人员一般采取步行或骑自行车等慢行方式沿管线逐个检查井查看,晚间巡查可乘车进行。在正式实地巡查前,应做好巡视计划,其内容包括位置、时间、路线等,准备好要巡视区域的排水管线图。在巡视的过程中根据要求填写巡视过程记录表,清楚记录巡视过程中发现的各种问题。

(2) 人员进管观测

在确保安全的情况下,大型管道或特大型管道可以在断水或降低水位后采用人员进入管道的方法进行检查,进入管内检查具有最高的可信度。为了避免仅凭记忆造成信息遗漏,同时也便于资料的分析与保存,人员进入管内检查应采用电视录像或摄影的方式。根据《城镇排水管道维护安全技术规程》(CJJ 6—2009)中相关规定,对人员进入管内检查的管道,其管径不得小于 0.8 m,流速不得大于 0.5 m/s,水深不得大于 0.5 m,充满度不得大于 50%,其中只要有一个条件不具备,检查人员就不能进入管道。下井前必须按步骤进行有毒有害气体检测和防毒面具安全检查,填写下井作业票。在检测过程中,检测人员腰间系安全绳,一方面起着与地面人员保持连接且互动的作用,以防万一出现突发事件,抢救遇险人员;另一方面还起着测量距离的作用,能对缺陷等状况实施有效的定位。检测人员从进入检查井起,连续工作时间不能超过 1 h。受管径因素的影响,人工进管只能检测管径比较大的管道,对于管径较小的管道则无法通过人工进管的方法进行检测。同时由于管道内部空间狭小,人工检测的效率相对较低。

管道和检查井里面的空气和水环境是人员能否进行管内检测的两个前提条件,所以,在人员进管前,正确判断管内情况显得十分重要。在我国很多地区,大型管流量较大,特别是污水主干管;雨水管由于地下水等外来水的渗入,高水位是常态化。这些状况都限制了人员进入管道的可能,如何能断水或降低水位,达到人员能进入管道的必要条件,是必须要解决的问题。选择低水位或降低水位的方法一般有：

① 选择低水位时间，如居民用水最少时间段、连续旱天、无潮水时等；

② 泵站配合，上游泵站全部停止或部分台组停止运行，下游泵站“开足马力”抽吸；

③ 封堵抽空，先在上游用橡胶气囊封堵，之后抽空管内的水。

运行中的管道难免淤积，若不影响检查人员在管中行走，可不进行清淤作业。若淤积物较多可能致使人员行走困难，则必须采取高压水冲洗等方法除掉淤积物，使人员“走得过、走得通、走得顺”。

在确保安全的情况下，为减少体力消耗，人员进入大型管道宜从上游往下游走，行走速度不宜过快。目视的同时，可用四肢触碰管体，进一步掌握缺陷的深度和广度。

2. 潜水检测法

潜水检测法是为勘查排水管（渠）的情况而在携带或不携带专业工具的情况下进入水面以下进行检测的一种方法。

在很多地下水位高的城镇，特大型和大型管在一般情况下断水和封堵有困难，同时管道运行水位也很高，包括倒虹管和排放口，采用潜水员进入管内检查往往是最好选择。潜水员通过手摸管道内壁来判断管道是否有错位、破裂、坝头和堵塞等病害。从事管道潜水检查作业的潜水员和单位必须具有特种作业资质；潜水员发现情况后，应立即用对讲机向地面报告，并由地面记录员当场记录。由于该种方法是肢体感觉的判断，有时带点猜测，检测结果的准确性和可靠性无法与通过视觉获得的信息相比，全凭潜水员口述，因此在不完全确认的情况下，还须采取降水等措施，通过视觉或摄像等获取真实状况。

3. 管道渗漏定位检测技术

排水管道在降低运行水位以后，内渗漏现象容易发现，但满水位时的内渗漏以及低水位时的外渗漏就难以查找。德国一家高科技公司开发研制的聚集电极渗漏定位仪（focused electrode leak locator，简称 FELL），能够在部分地区解决这一难题。它采用聚焦电流快速扫描技术，通过实时测量聚焦式电极阵列探头在管道内连续移动时透过漏点的泄漏电流，现场扫描并精确定位所有管道漏点。当管道受损时，在地面设置的表面电极和探头上的无线电聚焦电极之间能够形成电流，通过记录电流图并由扫描电镜装置显示读数，能够反映管道受损部位的位置、长度范围甚至微小的异常现象。对上述数据进行统计分析，可将管道分为不同的优劣状况等级，进而根据不同等级提出并选择不同的管道修复方案。聚焦电极渗漏定位仪由于具有效率高且成本低的优势，并且在管道检测时无须事先清洗管道或控制水流，在混凝土管、钢筋混凝土管、钢管或塑料管等渗漏检测的相关应用中发挥了重要作用。

聚集电极渗漏定位仪的工作原理是采用专利的聚焦式电极阵列探头(主要由一个中心电极和两个辅助电极组成),产生一个径向的聚焦式交流电流场,分布在20～80 cm的有限范围内,只有当聚焦式电极阵列探头接近管道缺陷点时才会产生泄漏电流,各个漏电呈现独立的电流峰值,从而实现漏电定位的高分辨率和高定位精度。其采用聚焦电流快速检测定位技术,将聚焦式电极阵列探头置于管道内部连续移动,并使用配套的侧漏软件实时采集、监测聚焦电流值的曲线变化来进行分析,定位出管道的漏点。

聚集电极渗漏定位仪由于具有快速连续扫描排水管道漏点、效率高、精度高、分辨率高等主要优点,常用于有水管道或无水管道。该仪器操作简便,现场测量和数据解释一体化,检测结果不依赖于操作者的经验和主观判断,适用于管径为150～1 500 mm各种材质的排水管道。但它又具有较大缺点,比如在高地下水位地区,管道周围土质中含水率很高,该仪器几乎失效,不能找到渗漏点。随着电子技术的不断进步,该项技术也会不断改良,最终能实现多种环境下的排水管道渗漏检测。

4. 管道外窥检测技术

(1) 撞击回声法

撞击回声法的原理是利用应力波在管道的传播规律分析管道的结构和相关信息。锤击会产生应力波,地下装置能够产生反射波和内部裂纹,当应力波在不同的速度下传播时,就会通过不同的路径在管道外的土壤中散射,此时分析仪就可以将不同频段的波进行分量,进而绘制出相关的信息。撞击回声法常用于检测大口径的排空混凝土管和砖砌管道。

(2) 红外温度记录仪法

红外温度记录仪法的原理是根据物质分子运动产生红外辐射,利用管道周围土壤和渗透点的温度差,进行红外温度检测来推测土壤层的空隙和渗漏情况。由于排水管道周边的土壤和渗漏位置附近的土壤会有温度差,因此通过温度图像就可以判别渗漏情况。但此方法不能查明孔隙尺寸,只能用于渗漏点的定位和腐蚀孔洞的定位。此外,该方法对温度传感器的依赖性较强,对技术人员的经验要求也较高。该法是根据漏水引发红外辐射局部变化(温度效应)判断漏损的。当地下管道发生漏水,漏水位置的局部区域与周围将产生一个温度差,如果能感知到该温度差,则可以间接地感知到漏损位置。选用的感知温差的方法即为红外热成像技术,红外热成像技术的本质是利用光电技术来获取物体热辐射的红外线特定波段的信号,之后可转换成容易分辨的图像和图形,人们通过识别该图像和图形判断漏损情况。需要特别注意的是,红外辐射可能会受其他因素影响，地下的漏水情况可能因其他因素而发生变化，所以该法在一些区域同样只能作为辅助判断的依据。

(3) 管道脱空检测

管道脱空是指由于管道施工、地质环境变化以及渗漏等，造成管道周围形成空洞区域的现象。管道脱空极易导致路面塌陷，尽早发现脱空的位置及范围，并且及时予以处理，可以有效避免由此而引发的公共灾害。通常解决方法是在管道内部内衬止漏后，采取注浆等填充措施。非渗漏型的脱空，其脱空高度只要不大于 0.2 m，一般来说，所造成的危害不会很大。常用管道脱空检测可采用雷达技术，分为以下两类。

① 探地雷达法

探地雷达(ground penetrating radar，简称 GPR)(图 2.2.1)，是一种电磁探测方法，具有快速高效、分辨率高、不易受环境干扰、无损检测等优点。探地雷达多采用天线向探测目标发射高频脉冲电磁波来进行探测。可根据介质的电性参数差异，确定地下介质的空间分布，电磁波在地下介质中传播时遇到存在电性差异的分界面时发生反射，根据接收到的电磁波的波形、振幅强度和时间的变化等特征推断地下介质的空间位置、结构、形态和埋藏深度。可以根据漏损区域覆土的介电常数存在明显差异这一点进行漏损精确定位。目前对于管道漏损的雷达图像特征研究已经取得了一定的成果。探地雷达包括发射天线与接收天线，在探测过程中，发射天线能够激发宽频带的高频电磁脉冲，电磁波在地下介质的传播过程中遵循惠更斯原理、费马原理以及菲涅耳定律，在本征阻抗存在差异的界面发生反射；接收天线则能接收反射电磁波，并记录每个时刻处的振幅信息，振幅信息以波形堆积图或灰度堆积图的形式来呈现即 B-scan 剖面图，可以根据剖面图中的速度、同相轴、振幅、衰减的变化来反演地下介质的分布情况。图 2.2.2(a)为共偏移距剖面法的探地雷达采集原理示意图，此时发射天线与接收天线之间的距离固定，共同沿某一条测线移动，每偏移一段距离就能激发天线完成一次雷达波的发射和接收。图 2.2.2(b)为雷达剖面图示例，纵坐标表示埋藏体的双程走时，横坐标表示探地雷达的偏移距离，其中点状目标体在剖面图中表现为双曲线形状的绕射波(竖方框处)，水平分界面在剖面图中表现为条带反射波(横方框处)。

该类雷达在实际应用中，由于管道埋深、空洞位置离地面较远以及土质电性差异不明显等原因脱空，常不能被明确辨认。

② 透管雷达

透管雷达是 GPR 在管道内的应用。它是为管道探测专门设计的，它的天线是在管道内与管壁接触的，更接近于空洞，准确度和发现率大大高于 GPR。透管雷达还能结合 CCTV 数据测量管壁厚度，发现裂缝、空洞以及管道外部其他

图 2.2.1　探地雷达现场图

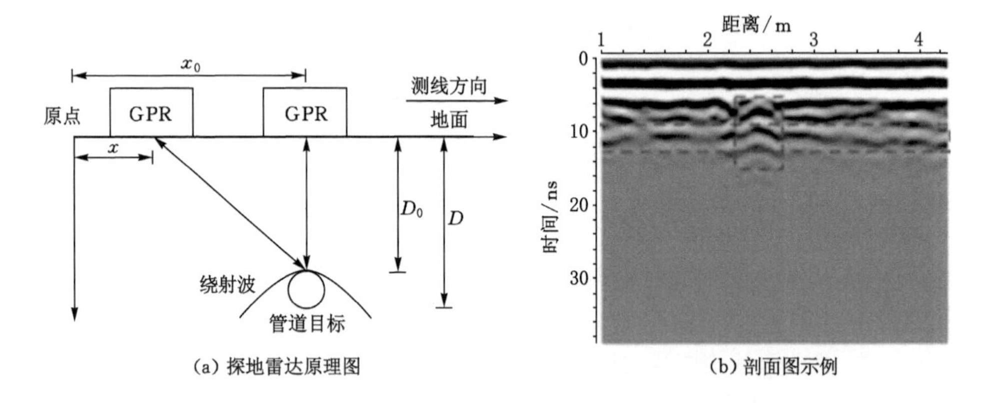

(a) 探地雷达原理图　(b) 剖面图示例

图 2.2.2　探地雷达检测分析

设施。特别当 CCTV 发现有渗漏时，透管雷达可进一步发现是否产生有空洞。透管雷达是在履带式承载器上安装两个高频天线和 CCTV，天线可以远程控制在 9 点和 3 点之间的任何时钟角度位置，同时可以根据管道直径调整伸缩臂。透管雷达都有专用分析软件，提供容易理解和识别的图像。

5. 管道内窥检测技术

(1) CCTV 检测技术及原理

CCTV 管道机器人系统是使用最久的检测系统之一（图 2.2.3），通常由爬行器、电缆盘和软件控制系统三部分构成，摄像头是 CCTV 的核心，它直接关系到图像的获取质量，20 世纪八九十年代都是采用模拟式，现在几乎都是数字式。利用控制系统操作带有摄像头的爬行器在管道内行进，对管道内部的情况进行影像采集记录，该系统具有视频回放、图像抓拍及视频文件存储等功能，无须人员进入管内即可了解管道内部状况，具有安全、高效、直观的特点。它的工作原理就如同医院的“胃镜”检查。

图 2.2.3　CCTV 检测现场

CCTV 检测的主要流程如下：

① 准备工作，包括项目资料收集及现场勘察；

② 现场检测，包括封堵降水、管道清淤、管道检测及影像采集；

③ 分析影像资料，进行缺陷判读；

④ 分析检测结果，生成检测评估报告。

首先，正式开展检测工作前，应该弄清楚检测的目的，根据需求，确定本次检测是结构性的，还是功能性的。不同检测目的，流程是不一样的。利用 CCTV 检测排水管道，大多数都是为了查找结构性问题。其次，将 CCTV 检测设备各个部件组装起来，在地面进行调试，确保设备的参数设置及运行都处于正常状态。再次，利用工具将爬行车放入井底，在上下井口安装好护线滑轮，管道 CCTV 检测应在冲洗疏通后进行，当现场条件无法满足时，应采取降低水位措施，确保管道内水深不大于管径的 20%。检测时摄像镜头应保持在管道底部中轴线上移动，摄像机应保持水平方向，不应在行进时改变拍摄角度和焦距。在爬行器前行过程中，摄像镜头不应使用变焦功能，只有在爬行器静止状态时才能使用变焦功能。如果需要爬行器继续前进时，应将镜头的焦距恢复到最短焦距位置。侧向拍摄时，爬行器应停止行进，变化拍摄角度和焦距以获得最佳图像。管道检测拍摄过程中，影像资料不应出现画面暂停、间断记录、画面剪接的现象。检测过程中发现缺陷时，将爬行器摄像头对准缺陷位置多角度拍摄，确保图像清晰完整。开始检测时，在检查井起始位置安放好载有摄像镜头的爬行器后，将计数器归零。当检测起点位置与管道段起点位置不一致时，应做补偿设置。每检测完成一段管道后，应根据控制电缆上的标记长度对计数器显示数值进行合理修正。计数器归零的补偿设置方法如图 2.2.4 所示。

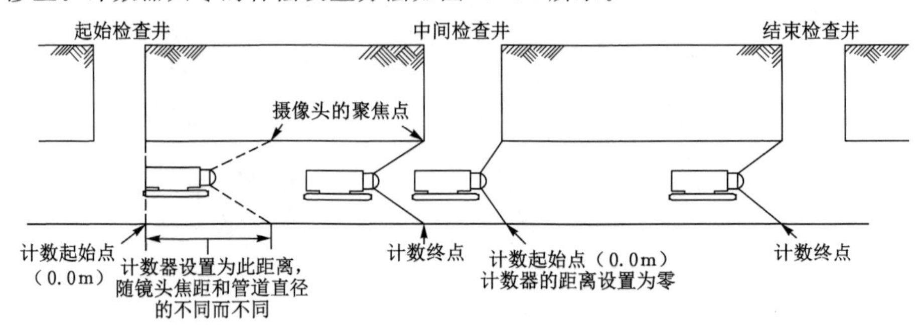

图 2.2.4　CCTV 计数器归零补偿设置图

当对特殊形状的管道进行检测时，应适当调整摄像头位置并获得最佳拍摄效果。当管径不大于 200 mm 时，摄影机的直向行进速度一般不超过 0.1 m/s；当管径大于 200 mm 时，摄影机的直向行进速度一般不超过 0.15 m/s。轮式 CCTV 在做管内功能性检测时，管底污泥常常起阻碍作用，使爬行器不能行驶或行驶困难，遇到这种情景时，可换用履带式 CCTV 设备，亦可采用牵拉漂浮筏式 CCTV 检测设备。

(2) 声呐检测技术及原理

声呐技术至今也有 100 多年历史。它是 1906 年由英国海军刘易斯·尼克森所发明，其中文全称为声音导航和测距(sound navigation and ranging)。它是一种利用声波在水下的传播特性，通过电声转化和信息处理，完成水下探测和通信任务的电子设备。

排水管道声呐成像系统是一个复杂的控制、数据采集系统，由主控制器(带专用采集软件)、探头(又称水下单元，自带漂浮装置)和电缆盘三部分组成。主控制器是系统的控制核心，通过 USB 接口接收计算机的控制命令，按照协议格式编码组成“命令包”发送给探头。主控制器接收探头通过长距离电缆线传输上来的“数据包”(数据包中包括模拟信号和数字信号)，经模拟开关电路判别后，数字信号在 CPLD 芯片 XC95144XL 中按照协议格式解码，模拟信号经过信号调理后由模数转换芯片 AD7760 转换，数据经存储器 IS61WV25616AL 缓冲后传输给微控制器，通过专用算法分析，剔除干扰杂波，得到有用数据，最后通过 USB 接口传输给计算机显示。探头是整个系统的传感器集合体，包括声呐传感器、气压传感器、温度传感器、姿态传感器等。探头接收到主控制器发送来的“命令包"后，按照协议格式解码执行命令，然后将采集到的数据（包括声呐信号、温度值、电压值、倾角值、转角值等编码）组成"数据包"后发送给主控制器。

声呐具有灵敏度高、穿透力强、探伤灵活、效率高、成本低等优点，是可以代替闭路电视的实用技术。管道声呐检测主要原理是应用声呐对排水管道内部进行扫描，利用声波的反射探测管道内的物体，通过计算机分析处理被管壁或管道内部物体反射回来的声波形成管道内部的横断面图像，并对其进行定位，准确地反映管道内部的状况。其优势在于能够提供量化的、准确的数据，尤其对于管道拥堵和管道变形具有很好的检测效果。

具体地说，可通过回波信号与发射信号间的时延推知目标的距离，通过回波波前法线方向推知目标的方向，通过回波信号与发射信号之间的频移推知目标的径向速度。此外由回波的幅度、相位及变化规律，可以识别出目标的外形、大小、性质和运动状态。主动声呐主要由换能器（常为收发兼用）、发射机（包括波形发生器、发射波束形成器）、定时中心、接收机、显示器、控制器等几个部分组成，其功能主要是先将电能转成声能，再将回波转成电能并放大处理显示。

换能器是声呐中的重要器件，用于将声能与其他形式的能（如机械能、电能、磁能等）相互转换。它具有两个用途：一是作为声波的发射器，在水下发射声波，类似于空气中的扬声器；二是作为声波的接收器，在水下接收声波，类似于空气中的传声器（俗称"麦克风"或"话筒"）。换能器在实际使用时往往同时用于发射和接收声波，专门用于接收声波的换能器又被称为"水听器"。换能器的工作原理是基于某些材料在电场或磁场的作用下发生伸缩的压电效应或磁致伸缩效应。

声呐探头安放在检测起始位置后，在开始检测前，应将计数器归零，并调整电缆处于自然紧绷状态。根据管径选择适合的脉冲宽度，调节达到最佳彩色的信号强度。声呐检测应在满水或水位不少于 300 mm 管道内进行。根据不同管径调整声呐信号的强度（脉冲宽度），以达到最佳反射画面。拖动牵引绳时应保持声呐探头的行进速度不能超过 0.1 m/s。拖动时注意探头应尽可能保持水平，防止几何图片变形失真。探头内自带有倾斜传感器和滚动传感器，可在 45°范围内自动补偿，如果管道内水流速度较快，可能造成探头不稳定，若超过自身补偿范围时会造成画面变形、检测几何图形失真，此时要降低探头的行进速度，调整或更换更稳定的漂浮筒，保证检测画面的稳定性。由于声呐探头每秒旋转 360°，通常的探测方式是，以较慢的方式旋转声呐探头，用声呐波束在每个旋转周期内扫描管道的周围，形成一个连续的螺旋图案。声呐探头的移动速度取决于管道直径和需要探测的缺陷大小。对于一个给定的范围，总是采集 250 个样本，因此固定的范围对应固定的分辨率。例如，250 mm 范围时，纵向分辨率是

1 mm。管道内壁扫描区域大小取决于换能器波束角，即能量衰减 3 db 处角度。声呐探头波束角为 1.1 deg，因此 250 mm 范围时，波束直径为 4.8 mm，3 000 mm 范围时，波束直径为 57.6 mm。

由于声呐检测系统造价较高，操作难度也较大，因此该技术主要在国外应用，国内的应用相对较少，上海长宁区市政管理部门引进了一套声呐管道检测系统，对辖区内排水管网的拥堵病害进行检测。

(3) QV 管道检测潜望镜

QV 管道检测潜望镜是最早传入我国的管道快速检测设备，它具有强光聚、泛光源等优点，在光线条件好的情况下纵深可视达到 80 m，操作仅需 1～2 人，是目前普及率最高的快速电视检测设备。QV 管道检测潜望镜整个检测系统由控制器、摄像镜头、聚光照射灯、影像显示屏、手持支杆、电池、控制器组成。QV 管道检测潜望镜实际上是简单版的 CCTV，没有机械传动部分，故障较 CCTV 少很多，维修也比较方便。QV 管道检测潜望镜检查工作比较简单，本身没有动力系统，所以无须用发电机供电。而且，仪器所需力均来自随身携带的可充电电池。因为没有爬行器，也无须对其进行操控的系统。检测人员所操控的项目大大减少，通常只需控制好灯光和摄影，也有仪器可以远程操控摄像头的俯仰动作。

QV 管道检测潜望镜检测方法：

① 现场维护：打开窨井盖前做好井盖周围的维护，维护采用路锥加挂三角红旗，维护区域为长方形，宽 3.2 m 至 4 m(一条车道宽)，长 4 m 左右。打开的井盖和工具等全部放入封闭施工的区域内部，原则上不影响交通通行，如必要则指派一人现场协助指挥交通。

② QV 管道检测潜望镜检测操作步骤：首先将带有摄像头的探杆伸入窨井，拍摄时调整聚或散光灯的亮或灭，以达到照亮管道并获得清晰视频画面的目的，同时拉伸摄像头变焦，主要对雨水连管、污水支管进行检测，在主管不足 30 m，且水位较低时，对主管也可采用 QV 管道检测潜望镜检测。检测过程全程录像并存档以便后期内业处理。如果管道较长(大于 30 m)，或管道内部拐弯或标高不准，则须反向对同一段管道再次检测。

说明：

a. 镜头中心应保持在管道竖向中心线的水面以上。

b. 拍摄管道时，变动焦距不宜过快。拍摄缺陷时，应保持摄像头静止，调节镜头的焦距，并连续、清晰地拍摄 10 s 以上。

c. 拍摄检查井内壁时，应保持摄像头无盲点地均匀慢速移动。拍摄缺陷时，应保持摄像头静止，并连续拍摄 10 s 以上。

d. 对各种缺陷、特殊结构和检测状况应作详细判读和记录。现场检测完毕后，应由相关人员对检测资料进行复核并签名确认。

QV 管道检测潜望镜图像清晰、直观，视频检测结果可记录、可追溯，检测成本低，广泛用于排水支管、雨水连管等长度较短的管段检测，以及排水主管道的淤积情况检测，亦是检测检查井的有效工具。QV 管道检测潜望镜为便携式视频检测系统，该检测系统所运用的镜头具备高变焦倍数和高效的照明灯光系统，操作人员将镜头安装在可伸缩连接杆上，然后将镜头下放至管口位置，通过一个控制器同时调节亮度和焦距以获取清晰的影像资料。但是在管道普查工作中，QV 管道检测潜望镜检测比较便捷，但因其无法进入管道，所以对管道内部缺陷的检测可行性不强。QV 管道检测潜望镜以其操作简便、速度快、省人工等优点，成为管道电视检测的有益补充而被广泛使用。

按照其工作原理，QV 管道检测潜望镜还能够应用于：

① 短距离范围内，可见的过水能力的情况；

② 建筑工地的泥浆等违规排放的视频取证；

③ 通过地面开孔，可用于排水管道渗漏造成的空洞探查；

④ 污染物违法排放摄像取证；

⑤ 雨污混接点的影像取证。

(4) 管道检测机器人技术

管道检测机器人技术的优越性主要体现在机器人的移动技术、自动操作技术、自动定位与跟踪探伤技术、数据处理、信号识别与自动评估技术。机器人的移动技术既有靠磁吸附下的爬行技术，又有靠气压差的推动技术。机器人运动还具有稳定性，有一定的拐弯半径和灵活性。如管道检测相机系统可遥控操作，它装配有很小的彩色相机，具有低灵敏度、可弯曲、可压缩和重量轻等特点。照相机输出标准的图像可在相连接的录像机、显示器和电视机上显示出来。

管道机器人能自动定位、记录并跟踪缺陷信号的位置。如管道机器人检测系统(MAKRO)，于 2000 年在德国研制成功。该系统可自动检测排水管损坏的类型、位置和程度，可以测到管道内的障碍物、裂缝和管壁厚度，还可探测管道外壁的渗漏裂缝以及长达 100 mm 的管壁裂痕和损坏。机器人的移动和传感功能，可在检测站中进行控制和监视。尤其在用传统方法不能达到的地方(如有电缆和管壁阻碍的地方)，它的优越性就更为明显，在有泥土覆盖层的情况下也不会受到影响。管道机器人还具有数据处理、存储功能及检测信息的传递与判断技术，能识别信号，对损伤进行自动评估。如管道检测快速评估技术(PIRAT)是机器人、机器视觉和人工智能的结合，它把先进的扫描仪和数据通信技术结合在一起，自动检测和定量评估地下排水管。管道检测快速评估技术是 1996 年由澳大利亚研究机构完成的。

管道机器人系统装配有直径小、自动推进的微型推进器,并带有激光和声呐扫描仪以及先进的传感器。激光扫描仪可以扫描低水位的管道,分析反射的光线;而声呐扫描仪用于水流满管、看不到管壁的情况,分析代表管道特征的回声。扫描结果将多个管道截面组合,并生成污水管道内部形状的三维图像。人工智能软件自动分析取得的数据,提供完整的管道损坏报告。整个装置都安装在管道内的运载工具上,并由地面上的活动控制室控制。管道机器人可在承压的、有毒的和有爆炸可能的污水管内作业,并能连续、详细地测量污水管内部形状,这些数据经过自动分析、分类,用以确定管道受损等级,管道机器人能根据管道的条件进行优劣等级排序。

6. 排水管网检测技术的发展趋势

传统的排水管网检测方法主要依靠人工或者借助简单的设备仪器。在实际的应用过程中发现传统的检测方法存在诸多缺点:① 传统检测方法效率非常低下,很难满足城市庞大的排水管网系统的检测需求;② 传统检测方法经常需要人员下井工作,具有很大的危险性;③ 传统检测方法对于检测人员具有很高的经验要求,检测结果主观性强;④ 传统检测方法只能满足病害事故后的处理,很难实现病害和事故预警。由此可见传统的排水管网检测方法已无法满足排水管网的现实发展需求。其实市政管线中供水、燃气、电力等管线早已逐步开始采用自动化监测技术代替传统的人工设备检测,并且取得了良好的应用效果。2014年国务院印发的《国务院办公厅关于加强城市地下管线建设管理的指导意见》中明确提出:要在地下管线中广泛应用物联网监测和隐患事故预警等先进技术。而德国、法国、英国等发达国家早已提出在城市排水系统中运用自动化监测手段保障城市排水管网的安全运行。可以预见,未来几年智能化市政将步入快速发展的时期,在线监测技术将更多地应用在我国城市管线建设中,如图 2.2.5 所示。

排水管网在线监测目前的主要应用方向是管网病害的监测和预警。济南、天津等市建成的排水管网检测系统主要通过对管道水位的监测实现内涝灾害的预警功能。未来排水管网在线监测技术的应用还需要向更多的方向进行发展,包括利用数字化平台进行管网数据的规整,改善传统记录分散、不统一、不完整的局面;应用在线监测系统所采集的大量的管网实际运行数据指导排水管网的规划及设计;通过排水管网测的三维可视化以及与移动终端设备的互联,实现管网监测的智能化和便携化。2011 年北京市提出了城市排水管网综合管理系统的建设方案,系统在管网病害监测的基础上实现各项管网数据的集中储存和管理,系统建成后通过信息的共享指导排水管网的设计施工,优化管网设计方案,

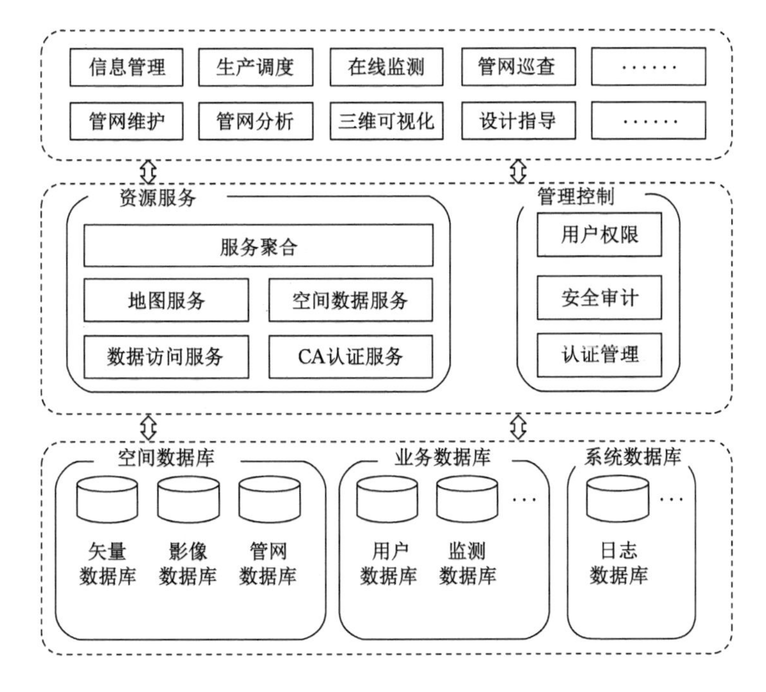

图 2.2.5 城市管道建设图

防止管道重复建设。需要注意的是，排水管网在线监测系统是一项庞大的系统工程，涉及设计市政管线、传感器、计算机网络等多项技术领域，需要各方面的协调配合，这也是排水管网在线监测系统发展的主要问题之一。当然，随着近两年物联网技术的不断普及以及城市管理者的重视，排水管网在线监测技术迎来一个良好的发展时机。

第3章　城市面源污染控制

3.1　面源污染概述

面源污染也称非点源污染，主要是指在降雨的条件下，污染物从非特定地点经雨水冲刷通过径流过程而汇入受纳水体（包括河流、湖泊、水库和海湾等），造成的水体污染。相对点源污染而言，面源污染主要是由地表的土壤泥沙颗粒、氮磷等营养物质、农药等有害物质、秸秆农膜等固体废弃物、畜禽养殖粪便污水、水产养殖饵料药物、农村生活污水垃圾、各种大气颗粒物沉降等，通过地表径流、土壤侵蚀、农田排水等形式进入水体环境所造成的，具有分散性、隐蔽性、随机性、潜伏性、累积性和模糊性等特点，因此不易监测、难以量化，研究和防控的难度大。

城市面源污染也被称为城市暴雨径流污染，是指在降水的条件下，雨水和径流冲刷城市地面，污染径流通过排水系统的传输，使受纳水体水质污染。与农业面源污染有所不同的是，城市的商业区、居民区、工业区和街道等地表含有大量的不透水地面，这些地表由于日常人类活动而累积有大量污染物，当遭受暴雨冲刷时极易随径流流动，通过排水系统进入水体。城市面源污染依据其独特的下垫面特征和高强度的人类干扰性，其产生与输出具有与农业面源污染明显不同的规律。城市面源污染是城市生态系统失调的结果。城镇人口密集，各种人类活动和生产活动频繁，产生的污染物具有面广、量大的特点。从时间上看，污染源排放具有间断性，污染物晴天累积，雨天排放；从空间上看，受排水系统的影响，小尺度呈现出点源特征，而在较大尺度上显现为面源；从污染物种类上看，城市面源污染物有总悬浮物（TSS）、总氮（TN）、总磷（TP）、COD、大肠杆菌、石油烃类、重金属、农药等，污染物种类、排放强度与城市的发展程度、经济活动类型以及居民行为等因素密切相关，自然背景效应很低。与城市点源污染不同，城市面源污染产生与迁移过程的典型特征包括：① 主要受降雨径流过程的影响，具有突发性和间歇性；② 在整个排水区域内发生，具有空间广泛性；③ 在一定条件下具有初期冲刷效应，不同时段的径流污染浓度不均匀；④ 影响因素复杂，包括降雨特征、大气污染状况、下垫面条件、排水系统布局、城市卫生管理等。相比其他污染源，人们对城市面源，包括暴雨溢流，还缺乏足够的认识。近二十年来，我国社会经济快速发展，新城区面积迅速扩展，旧城区仍存在脏差现象，造成城市面源污染加剧，大量污染物由地表暴雨径流排入水体，由城市面源污染引起的水环境问题已经严重制约城市的经济和社会的可持续发展。科学认识和有效控制城市雨水径流所带来的面源污染，是目前城市水环境质量改善和水生态保护的重要任务之一。

研究城市面源污染对受纳水体的影响是城市地表径流污染研究的重要组成部分，包括对水生态系统的结构、功能以及生态系统的健康性、稳定性和可持续性的影响等。随着我国城市化进程的加快，可渗透地表的面积比例越来越小，由暴雨径流产生的突发性的、冲击性强的城市面源污染已成为城市水环境恶化的重要原因之一。资料表明，在我国 90％以上城市水体污染严重，很多城市河道和湖泊有黑臭现象或发生水华，严重影响我国城市的社会经济可持续发展和对周边区域的辐射带动作用。

3.2　海绵城市

海绵城市，是新一代城市雨洪管理概念，是指城市能够像海绵一样，在适应环境变化和应对雨水带来的自然灾害等方面具有良好的“弹性”，也可称之为“水弹性城市”。下雨时吸水、蓄水、渗水、净水，需要时将蓄存的水“释放”并加以利用。低影响开发雨水系统构建的基本原则是规划引领、生态优先、安全为重、因地制宜、统筹建设，国际通用术语为“低影响开发雨水系统构建”。低影响开发(low impact development，LID)指在场地开发过程中采用源头、分散式措施维持场地开发前的水文特征，也称为低影响设计(low impact design，LID)或低影响城市设计和开发(low impact urban design and development，LIUDD)。其核心是维持场地开发前后水文特征不变，包括径流总量、峰值流量、峰现时间等。从水文循环角度，要维持径流总量不变，就要采取渗透、储存等方式，实现开发后一定量的径流量不外排；要维持峰值流量不变，就要采取渗透、储存、调节等措施削减峰值、延缓峰值时间。发达国家人口少，一般土地开发强度较低，绿化率较高，在场地源头有充足空间来消纳场地开发后径流的增量(总量和峰值)。我国大多数城市土地开发强度普遍较大，仅在场地采用分散式源头削减措施，难以实现开发前后径流总量和峰值流量等维持基本不变，所以还必须借助于中途、末端等综合措施，来实现开发后水文特征接近于开发前的目标。

建设“海绵城市”能够充分发挥城市绿地、道路、水系等对雨水的吸纳、蓄渗和缓释作用，使城市开发建设后的水文特征接近开发前，有效缓解城市内涝、削减城市径流污染负荷、节约水资源、保护和改善城市生态环境，为建设具有自然积存、自然渗透、自然净化功能的海绵城市提供重要保障。在海绵城市建设过程中，应统筹自然降水、地表水和地下水的系统性，协调给水、排水等水循环利用各环节，并考虑其复杂性和长期性，海绵城市建设流程如图 3.2.1 所示。海绵城市遵循"渗、滞、蓄、净、用、排"的六字方针，把雨水的渗透、滞留、集蓄、净化、循环使用和排水密切结合，统筹考虑内涝防治、径流污染控制、雨水资源化利用和水生态修复等多个目标。

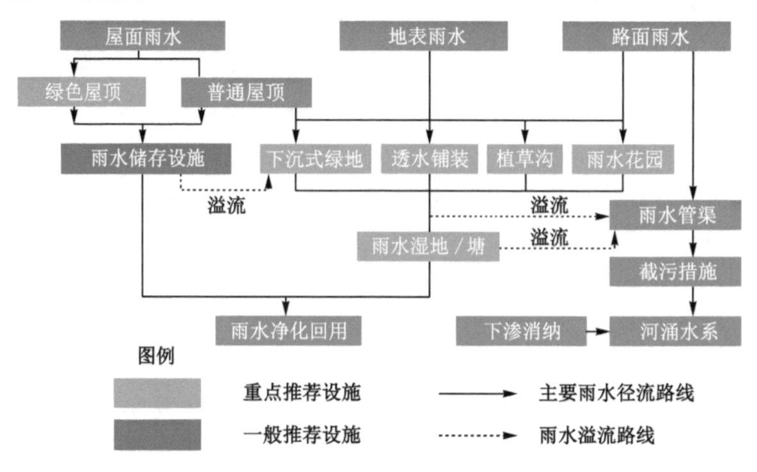

图 3.2.1 海绵城市建设流程图

(1) 渗。加强自然的渗透，可以减小地表径流，减少雨水从硬化不透水路面汇集到市政管网里的时间，同时涵养地下水、补充地下水的不足，还能通过土壤净化水质，改善城市微气候。而渗透雨水的方法多样，主要是改用各种路面、地面透水铺装材料使城市路面自然渗透，改造屋顶绿化，调整绿地竖向，从源头将雨水留下来然后"渗"下去。"渗"可以通过建设绿色屋顶、可渗透路面、沙石地面、自然地面以及透水性停车场和广场等来实现。

(2) 滞。其主要作用是延缓短时间内形成的雨水径流量。例如，通过微地形调节，让雨水慢慢地汇集到一个地方，用时间换空间。通过"滞"，可以延缓形成径流的高峰。"滞"的具体形式总结为雨水花园、生态滞留池、渗透池、人工湿地。

(3) 蓄。"蓄"即尊重自然的地形地貌，使降雨自然散落并把雨水留下来。由于人工建设破坏了自然地形地貌后，径流雨水容易在短时间内汇集到一个地方形成涝点，所以要把降雨蓄起来，以达到调蓄和错峰作用。通过保护、恢复和改造城市建成区内河湖水域、湿地并加以利用，因地制宜建设雨水收集调蓄设施实现雨水调蓄。地下蓄水样式多样，日常用得最多的是塑料模块蓄水和地下蓄水池。

(4) 净。“净”即建设污水处理设施及管网、初期雨水处理设施,适当开展生态水循环及处理系统建设;在满足防洪和排水防涝安全的前提下,建设人工湿地,改造不透水的硬质铺砌河道,建设沿岸生态缓坡;通过土壤的渗透,植被、绿地系统截留,水体自净功能等对水质进行净化。除此以外,可以将雨水蓄起来,经过净化处理,然后回用于城市杂用。雨水净化系统根据区域环境不同可设置不同的净化体系。根据城市现状可将区域环境雨水收集净化大体分为三类,即居住区雨水收集净化、工业区雨水收集净化、市政公共区域雨水收集净化。根据这三种区域环境可设置不同的雨水净化环节,而现阶段较为熟悉的净化过程分为土壤渗滤净化、人工湿地净化、物化处理、生物处理。雨水净化工艺视雨水水质和使用目的而定,若出水作为杂用水,则处理工艺的选择应以简便、实用为原则,优先考虑混凝、沉淀、过滤等物化处理方案。当收集的雨水有机污染物含量较高时,有时需要将物化与生化工艺相结合采用。雨水净化处理工艺流程如图 3.2.2～图 3.2.3 所示。

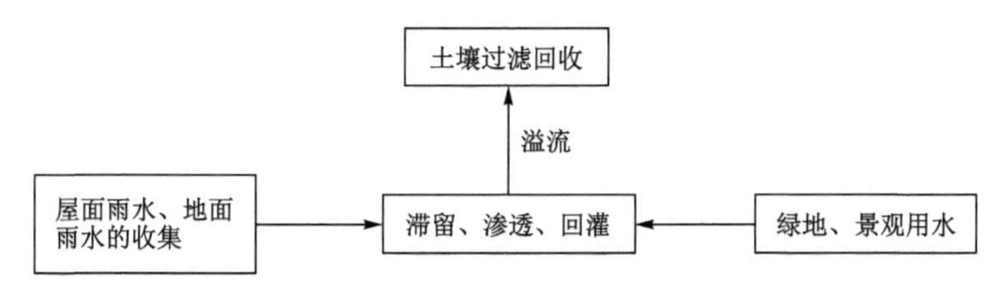

图 3.2.2 雨水回用的自然净化工艺流程

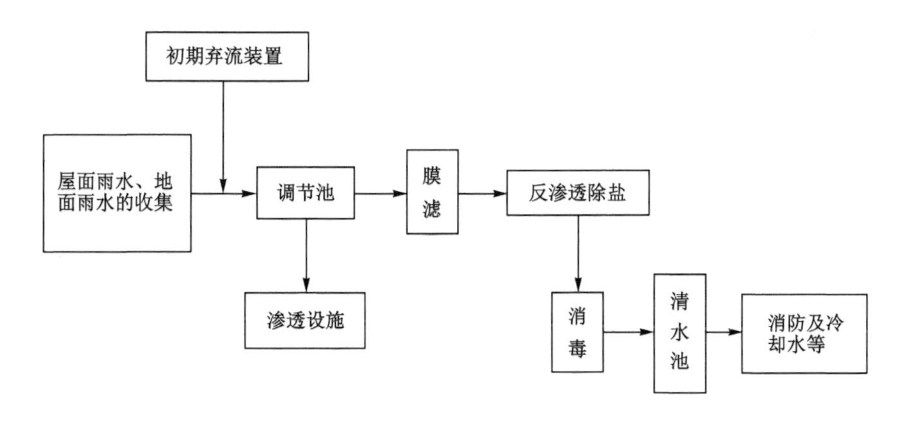

图 3.2.3 雨水回用的物化处理工艺流程

(5) 用。在经过土壤渗滤净化、人工湿地净化、生物处理多层净化之后的雨水要尽可能被利用,如将停车场上面的雨水收集净化后用于洗车等。雨水利用不仅能收集水资源，而且能缓解洪涝灾害。应该通过“渗”涵养，通过“蓄”把水留在原地，再通过净化把水“用”在原地。

（6）排。利用城市竖向与排水工程设施相结合、排水防涝设施与天然水系河道相结合、地面排水与地下雨水管渠相结合的方式来实现一般排放和超标雨水排放，避免内涝等灾害。开展河道清淤、城市河流湖泊整治，恢复天然河湖水系连通。

由于各个城市的水系、生态、地理环境、人文景观和社会经济等千差万别，因此所需要采用的海绵城市措施也应该因地制宜。

3.2.1 建筑与小区

对新建居住小区，由于各类设施的完善程度、业主的相互独立性以及人们对雨水作为杂用水的接受程度的差异等因素，雨水可优先入渗和收集回用。城市公共建筑一般包括剧院、体育场馆、展览馆、车站等公用设施，公共建筑低影响开发应以入渗和收集回用为主。新建居住小区人行道、停车场、广场、庭院等可采用透水铺装地面。雨水收集是雨洪资源化利用的前提，海绵城市建设可通过天然水体及低影响开发设施实现雨水集蓄。在建筑及小区的低影响开发中我们多采用绿色屋顶的建造方法。绿色屋顶也叫种植屋面、屋顶绿化等。它是指在不同类型的建筑物、立交桥、构筑物等的屋面、阳台或者露台上种植花草树木，保护生态，营造绿色空间的屋顶。绿色屋顶能够通过其植物的茎叶和根系调节径流，降解水中的污染物。屋顶园林景观（包括屋顶绿化、空中花园）建设是随着城市密度的增大和建筑的多层化而出现的，是城市绿化向立体空间发展、拓展绿色空间、扩大城市多维自然因素的一种绿化美化形式。绿色屋顶的好处包括：① 提高城市绿化覆盖，创造空中景观；② 吸附尘埃，减少噪声，改善环境质量；③ 缓解雨水屋面溢流，减少排水压力；④ 有效保护屋面结构，延长防水层寿命。

1. 绿色屋顶的组成

绿色屋顶由建筑屋顶的结构层、防水层、保护层、排水层、过滤层、蓄水层、基质层和植被层组成，如图 3.2.4 所示。

（1）保护层（根阻层）位于屋面结构层的上部，通常位于混凝土屋面或沥青屋面之上。植物的根系随着逐步地生长向土壤深处汲取水分、养料等，若无保护层的保护，植物的根系容易穿透防水层，对屋顶结构造成破坏。因此，保护层是建设绿色屋顶的基础。若屋顶发生渗漏，则结构层上的所有层均需清除，逐一排查，直到找到渗漏点。保护层通常有两种，即物理保护层和化学保护层。物理保护层主要由橡胶、LDPE（低密度聚乙烯）或 HDPE（高密度聚乙烯）等组成；化学保护层主要是抑制植物根系生长的化学阻根剂。

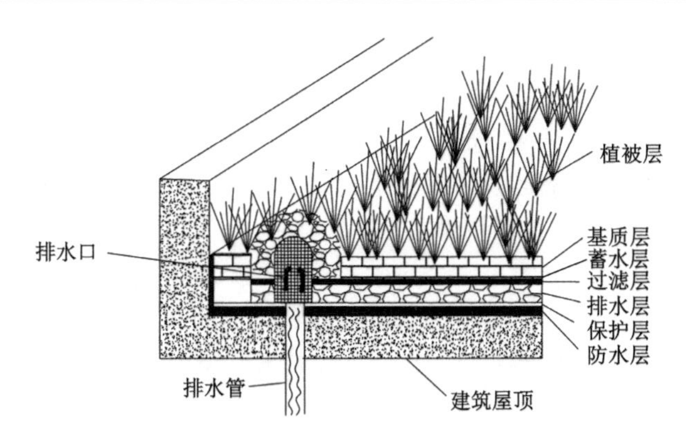

图 3.2.4　绿色屋顶结构示意图

（2）排水层可以防止植物根系淹水，同时迅速排出多余的水分，可与雨水排水管道相结合，将收集到的瞬时雨水排出，减轻其他层的压力。绿色屋顶类型的选择、气候条件和屋顶材料等是决定排水层类型的关键因素，常选用轻而薄的材料。通常，排水层的做法较为简单，主要由排水管、排水板、鹅卵石或天然砾石和膨胀页岩等铺设。

（3）过滤层的目的是防止绿色屋顶土壤中的中、小型颗粒随着雨水流走，同时防止雨水排水管道堵塞。过滤层通常较轻，故材质可选取聚酯纤维无纺布，采用土工布进行铺设。

（4）蓄水层可以控制雨水的径流总量、蓄存适量雨水、维持屋顶植被的生长。由于屋顶结构荷载的限制，蓄水层的厚度与土壤的饱和度、种植植被的类型和屋顶材质等相关联。蓄水层安装在过滤层上部，主要由聚合纤维或矿棉组成。蓄水层的厚度可根据屋面荷载的不同来确定，以适应不同的屋面类型。

（5）基质层主要为植被供应营养物质、水分等，提供屋顶植物生活所必需的条件。同时，基质层应当具有一定的渗透性和空间稳定性，使得雨水可以及时排出，避免水淹，也为植被的生长提供比较有利的空间。基质层对屋面的影响最为突出，故需考虑定期地维护或更换屋面植被。种植基层通常选取浮石、炉渣、膨胀页岩等密度小、耐冲刷、孔隙率较高的天然或人工石材，通过与土壤的有机混合来达到土质优化的目的。基质层的厚度可根据屋面结构的类型来选取，通常简单屋顶的植被厚度可选取 2.5 cm，复式屋顶的植被厚度可选取 20～120 cm。

（6）植被层是屋面的一个标志，决定着屋面的美观及实用性。通常，要选取抗风能力较强、抗寒抗旱能力强、无须过多修剪的植物，具体可参考《种植屋面工程技术规程》(JGJ 155—2013)。

2. 初期雨水弃流装置

雨水在入渗和收集回用前采用各种雨水净化设施净化后，采用小区内绿地入渗雨水或者建造雨水回用设施收集雨水。为增大雨水入渗量，在满足景观设计要求的同时，可在绿地适宜位置建下沉式绿地、植草沟等雨水滞留、入渗设施。

初期雨水弃流装置在初期降雨时，前 2～5 mm 的雨水一般污染严重，流量也比较小，为了减少径流污染汇入自然水体，可考虑在雨水径流源头设置初期雨水弃流设施，通过初期雨水弃流装置可实现初期径流流入城市污水排水系统，后期径流通过雨水管道流入自然水体。雨水弃流装置的分类方式多种多样，典型的初期雨水弃流装置主要有如下几种。

(1) 容积式弃流池

如图 3.2.5 所示，容积式弃流池是将设计的集雨面的初期径流优先排入相应容积的蓄水空间内，然后再流入收集系统的下游。该弃流池一般用砖砌、混凝土现浇或预制，可设计为在线或旁通方式，所截留的初期雨水在降雨结束后由水泵排入污水管道，或者逐渐渗入周围的土壤。该方法的优点是简单有效，可以准确地按设计要求控制初期雨水量；主要缺点是当汇水面较大、收集效率不高时需要较大的池容。

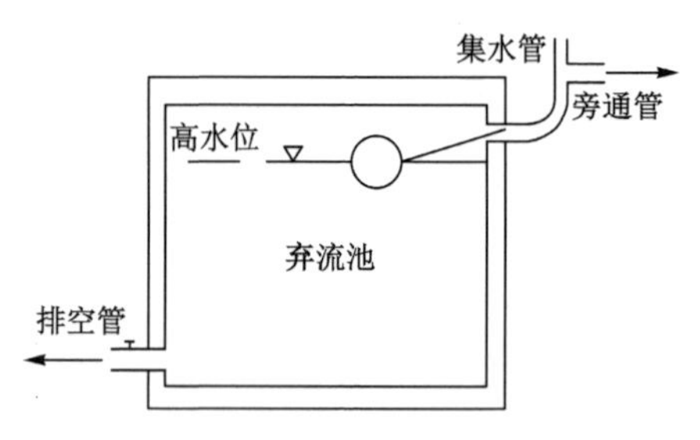

图 3.2.5　容积式弃流池

(2) 切换式弃流装置

切换式弃流装置是在雨水检查井中同时埋设连接下游雨水井和下游污水井的两根管道，并设置水量计量及水流切换装置(通过控制手动闸阀或自动闸阀进行切换)以控制初期雨水弃流；也可以采取加大两根管道高差的方式，将初期雨水弃流管设置成分支小管，用小管径管道来弃流初期径流污染严重的雨水，超过小管排水能力的后期径流再进入雨水收集系统，如图 3.2.6 所示。通过管道高差的不同实现雨水自动弃流的方法可减少切换带来的运行和操作的不便，但缺陷是在整个降雨径流过程中，弃流管一直处于弃流状态，弃流量难以控制，尤其是降雨强度较小而降雨量很大时，可能使弃流量加大，并影响雨水利用系统的收集量。

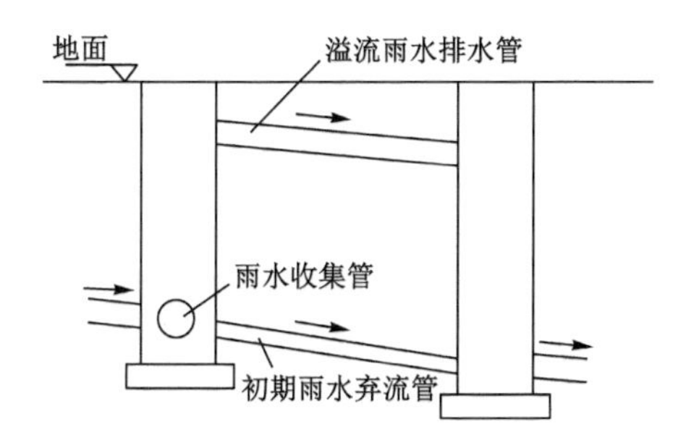

图 3.2.6　切换式弃流装置

（3）旋流分离式弃流装置

如图 3.2.7 所示，该装置是利用旋流分离原理进行初、后期雨水分离的设备。雨水从旋流分离式弃流装置上部周边切向进入旋流筛网，产生强烈的旋转运动。降雨初期筛网表面干燥时，在雨水所受离心力以及水的表面张力的作用下以旋转的状态流向分离装置中心的排水管，初期雨水即被排入市政管道。随着降雨的持续，水在湿润的筛网表面上的张力作用大大减小，中后期雨水就会穿过筛网汇集到集水管道，最终进入雨水收集池。旋流分离式弃流装置同时还具有去除固体颗粒、净化雨水水质的效果。弃流装置可通过改变筛网的面积和目数控制初期雨水奔流量。该装置的缺陷是初期雨水中树叶等较大的污染物易堵塞筛网。此外，旋流分离装置底部的排水管在整个降雨径流过程中一直处于弃

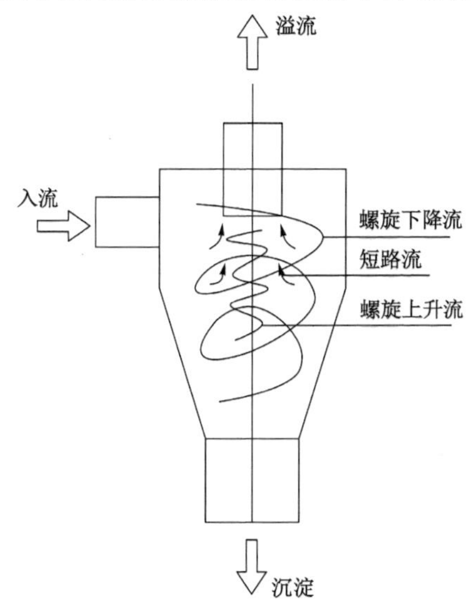

图 3.2.7　旋流分离式弃流装置

流状态，达不到弃流量的精确控制，并影响对雨水利用系统的收集量。

(4) 自动翻板式初雨分离装置

如图 3.2.8 所示，该装置是利用自动翻转的翻板进行弃流的。没有雨水时，翻板处于弃流管位置，降雨开始后，初雨沿翻板经过弃流管排走。随着降雨的增多，一般降雨到 2～3 mm 时，翻板依靠重力会自动翻转，雨水沿翻板经过雨水收集管进入蓄水池。当停止降雨一定时间后翻板依靠重力作用自动恢复原位，等待下一次降雨。翻板的翻转时间和停雨后自动复位时间可根据具体情况进行调节。通过使用该装置可以有效地控制每场降雨径流中的大部分污染物，能显著地改善蓄水池中的雨水水质，保证整个系统安全而高效地运行。

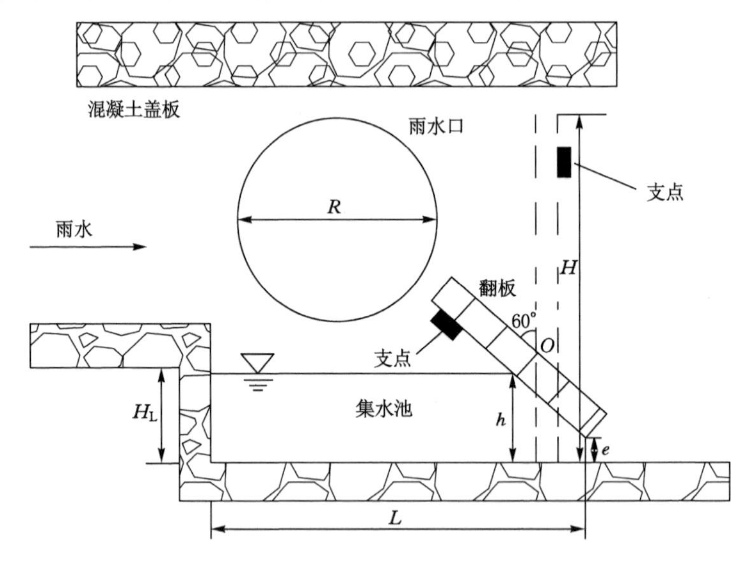

图 3.2.8　自动翻板式初雨分离装置

建筑与小区低影响开发设施建设工程的竣工验收应严格按照相关施工验收规范执行，并重点对设施规模、进水设施、溢流排放口、防渗、水土保持等关键设施和环节做好验收记录，验收合格后方能交付使用。

3.2.2　城市道路

城市道路低影响开发设施进水口(如路缘石豁口)处应局部下凹以提高设施进水条件，进水口的开口宽度、设置间距应根据道路竖向坡度调整；进水口处应设置防冲刷设施。道路广场雨水径流量大，但水质较差，道路雨水径流是城市面源污染的主要来源，道路广场低影响开发应以雨水净化、雨水入渗和调蓄排放为主。

透水铺装是一种典型的最佳管理技术，透水铺装地面持久的入渗能力使其具备良好的滞蓄雨水作用，而透水铺装地面对初期雨水径流中污染物的净化也起到分散化处理污水、减轻城镇污水厂冲击负荷的功效。通过铺装透水砖或透水沥青、透水混凝土等材料，促进降落到地面上的雨水下渗。透水铺装地面系统可实现暴雨径流的就地削减和分散处理，减轻城市内涝风险并消纳雨水径流污染。此外，下渗处理后的雨水也可补给城市水源并缓解城市热岛效应，从而获得全面的生态环境与社会效益。

透水铺装地面的典型结构如图 3.2.9 所示，一般由面层、找平层、基层、防水土工层和土基组成。透水性铺装材料主要有五种，即透水沥青、透水混凝土、透水地砖、沙砾网格和嵌草网格。为缓解城镇水资源紧缺的现状，也有不少系统在基层底部安装集水管，收集渗滤后的雨水进行回用。

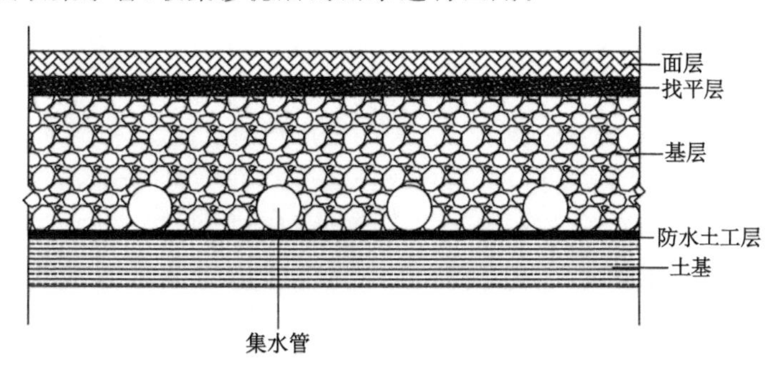

图 3.2.9　透水铺装地面的典型结构

透水铺装地面的面层应具有良好的透水性能，同时作为市政建设的重要组成部分，也应该具有良好的抗压、抗剪性能。常用的面层材料有现浇透水性混凝土和透水路面砖。其中透水路面砖包括缝隙透水路面砖和自透水路面砖。前者依靠砖之间的缝隙透水，即普通的路面砖；后者自身具有供雨水下渗的孔洞，即现在市场上常见的透水砖。现浇透水性混凝土和自透水砖的原材料、制作加工、技术指标和适用范围见表 3.2.1。

表 3.2.1　常用透水面的原材料、制作加工、技术指标和适用范围

分类		现浇透水性混凝土		自透水砖	
		透水水泥混凝土	透水沥青混凝土	混凝土透水砖	烧结透水砖
制作原料	骨料	连续升级配集料	单级配集料	连续升级	无机非金属料
	凝胶材料	水泥、增强剂	沥青	水泥、增强剂	
加工工艺		混合-搅拌-加压	混合-搅拌-加压	混合-搅拌-加压	成型-烧制

表 3.2.1(续)

<table>
<tr><td colspan="2" rowspan="2">分类</td><td colspan="2">现浇透水性混凝土</td><td colspan="2">自透水砖</td></tr>
<tr><td>透水水泥混凝土</td><td>透水沥青混凝土</td><td>混凝土透水砖</td><td>烧结透水砖</td></tr>
<tr><td rowspan="4">技术性能</td><td>孔隙率/%</td><td>10～25</td><td>10～25</td><td>15～20</td><td>15～20</td></tr>
<tr><td>抗压强度/MPa</td><td>15～30</td><td>15～30</td><td>25～35</td><td>25～35</td></tr>
<tr><td>抗折强度/MPa</td><td>3.0～5.0</td><td>3.0～5.0</td><td>4.5～6.0</td><td>4.5～6.0</td></tr>
<tr><td>透水系数/(mm/s)</td><td>1.0～10.0</td><td>1.0～10.0</td><td>1.0～15.0</td><td>1.0～15.0</td></tr>
<tr><td colspan="2" rowspan="2">适用性</td><td rowspan="2">耐高温、耐潮强度相对沥青略差</td><td rowspan="2">强度高、不耐高温、潮湿、造价高</td><td>强度高</td><td>耐磨</td></tr>
<tr><td colspan="2">造价较现浇路面高</td></tr>
</table>

透水铺装地面的面层和基层之间一般用粗砂或中砂铺设找平层，起到平托面层、黏结面层与基层以及保证雨水下渗的作用。原则上找平层的透水系数不小于面层。

透水铺装地面的基层应该具有良好的透水和储水性能，从而起到储存降雨、缓解洪峰的作用。使用的材料多为单级配或连续升级配的砾石、煤矸石和石灰石等材料，以增大孔隙率，取得良好的储水性和透水性。如需收集渗滤后的雨水，需要在基层底部安装管道(一般为穿孔管)。为防止管道堵塞，需要在基层底部用细砂铺设过滤层，将集水管道埋设其中。基层与土基之间根据情况铺设合适的土工膜。若透水地面的目的是用下渗雨水补给地下水源，应在土基和基层之间铺设透水的土工膜；若雨水经过透水基层的净化，水质尚且不能满足回灌补给的要求反而容易引起污染时或渗滤后的雨水拟用于回收利用时，应铺设不透水土工膜。无收集措施的透水铺装地面的系统，为将收集的雨水较快地排出路基以保证路面的承载力，透水铺装地面的土基应使用含沙量较大的土壤。有研究表明，要保持垫层土基较高的渗透性，同时满足承载力要求，土基最小含沙量为 62.5%，如果不能达到这一要求，可以用换土、加大基层储水空间等方式解决。透水铺装的基本要求：透水铺装结构按照面层材料不同遵循一定的要求，透水砖铺装应符合《透水砖路面技术规程》(CJJ/T 188—2012)，透水沥青混凝土铺装应符合《透水沥青路面技术规程》(CJJ/T 190—2012)和《透水水泥混凝土路面技术规程》(CJJ/T 135—2009)的规定。除此以外，透水铺装还应满足以下要求：

① 透水铺装宜首选环保型生态透水整体铺装，对道路路基强度和稳定性有潜在风险时可采用半透水铺装结构。

② 透水路面自上而下宜设置透水面层、透水找平层和透水基层，透水找平层及透水基层的渗透系数应大于面层。

③ 土地透水能力有限时，应在透水铺装的透水基层内设置排水管或排水板。

④ 当透水铺装设置在地下室顶板上时，顶板覆土厚度不应小于 600 mm，并应设置排水层。地下室顶板采用反梁结构或坡度不足时，应加大反梁间贯通盲沟的预留孔洞，截面积应不小于 100 cm^2，并采取防堵塞措施。局部排蓄水的盲沟截面积应不小于 300 cm^2。

⑤ 当透水铺装设置在使用频率较高的商业停车场、汽车回收及维修点、加油站及码头等径流污染严重的区域时，应采取必要的设施防止地下水污染的发生。透水砖铺装和透水水泥混凝土铺装典型结构如图 3.2.10 和图 3.2.11 所示。

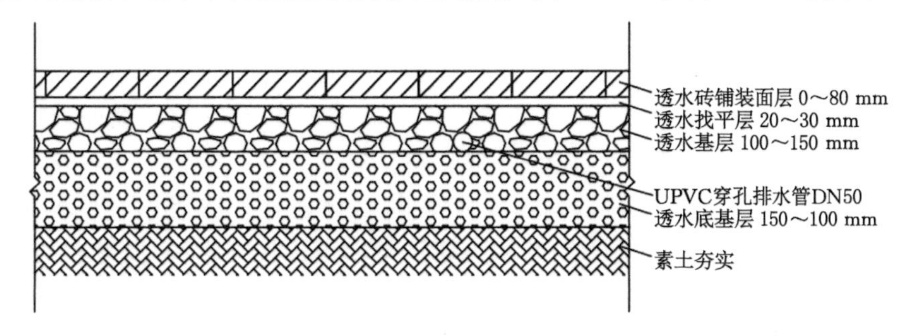

图 3.2.10　透水砖铺装典型结构

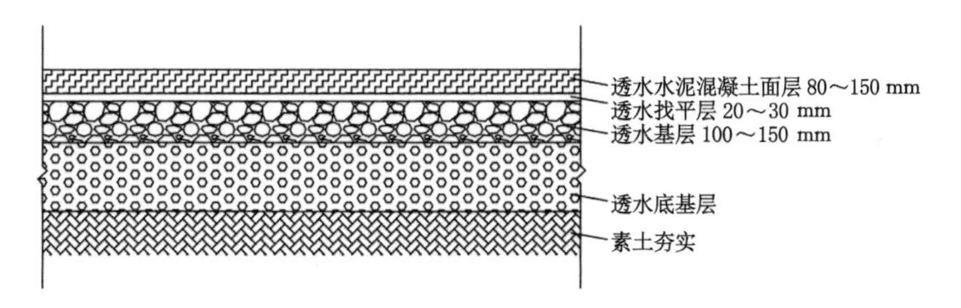

图 3.2.11　透水水泥混凝土铺装典型结构

目前有一项发明专利公开了一种海绵城市陶瓷渗水砖，包括防滑底层、设置在防滑底层上表面的砖体层以及设置在砖体层上表面的防滑面层；该海绵城市陶瓷渗水砖上设有多个渗水孔，每个渗水孔自上而下依次贯穿防滑底层、砖体层以及防滑面层；砖体层的底部设有至少一个拱形槽，该拱形槽贯穿砖体层相对的两个侧壁，拱形槽与防滑底层之间形成用于收容渗水的收容腔体；部分渗水孔与拱形槽连通。一种海绵城市陶瓷渗水砖通过在砖体层的底部设有至少一个拱形槽，该拱形槽与防滑底层之间形成收容腔体，并且在整个透水砖上设有多个渗水孔，通过渗水孔雨水可以快速地从渗水孔到渗水砖下方的土地中，若水流量较大，收容腔体具有暂时蓄水的功能，从而提高透水效果。

3.2.3　绿地与广场

公共绿地是城市生态系统和景观系统的重要组成部分，也是市民休闲、游览及交往的场所。海绵城市建设所涉及的雨水花园、湿地公园、河道驳岸改造、微型雨水塘、植被缓冲带、植物浅沟、雨水罐、蓄水池、屋顶花园和下凹绿地等，丰富了城市绿地的种类，也提高了公园的品质和景观价值。广场作为城市的重要公共开放空间，不仅是公众的重要休闲娱乐场所，也是文化的传播场所，更是代表着一个城市的形象。公园低影响开发应以入渗和收集回用为主。公园建筑屋面、道路、广场等下垫面雨水均可引入绿地入渗，为增加雨水入渗量，可广泛采用多种渗透设施。城市湿地公园、城市绿地中的景观水体宜具有雨水调蓄功能，构建多功能调蓄水体或湿地公园，平时发挥正常的景观及休闲、娱乐功能，暴雨发生时发挥调蓄功能，实现土地资源的多功能利用。

城市绿地与广场应在进水口建设湿塘、雨水湿地等大型低影响开发设施。城市园林绿地系统低影响开发雨水系统建设及竣工验收应满足《城市园林绿化评价标准》（GB/T 50563—2010）《园林绿化工程施工及验收规范》（CJJ 82—2012）中相关要求。

1. 生态植草沟

在城市绿地和广场周围我们可以采用建设生态植草沟的方法建设海绵城市，生态植草沟形式中目前应用较为广泛的有干草沟和湿草沟两种。干草沟通过雨水下渗来控制水质水量，如图 3.2.12 所示；湿草沟利用雨水停留时间来减少洪峰排量，如图 3.2.13 所示。

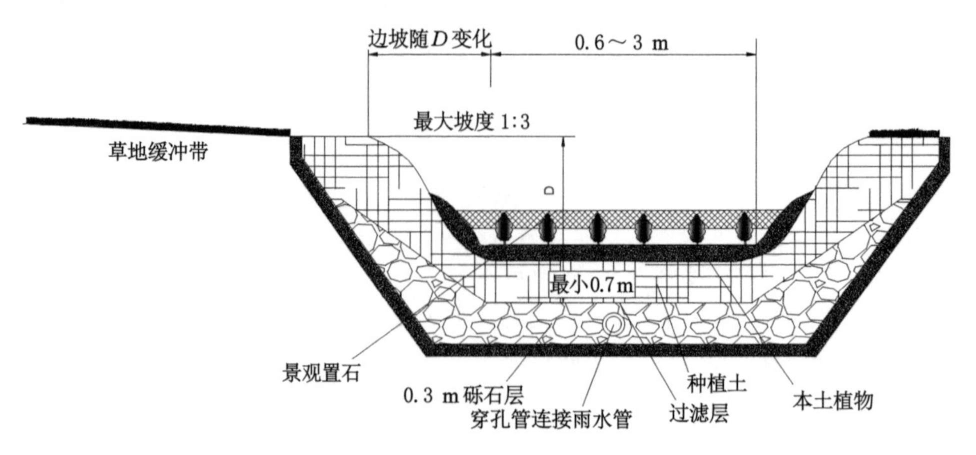

图 3.2.12　干草沟

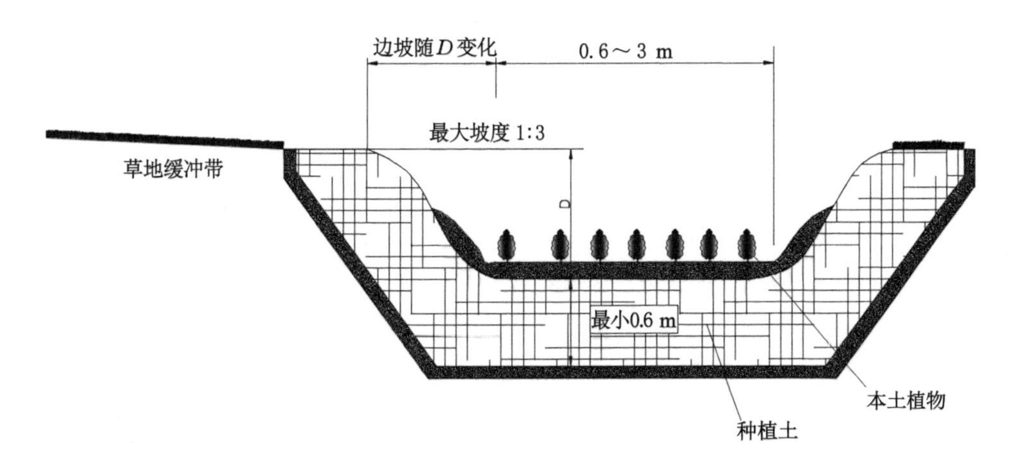

图 3.2.13　湿草沟

浅沟断面形式宜采用倒抛物线形、三角形或梯形；植草沟的边坡坡度(垂直∶水平)不宜大于 1∶3，纵坡不应大于 4%，纵坡较大时宜设置为阶梯形植草沟或在中途设置消能台坎。植草沟最大流速应小于 0.8 m/s，曼宁系数宜为 0.2～0.3，转输型植草沟内植被高度宜控制在 100～200 mm。

干草沟和湿草沟都可应用于乡村和城市化地区。由于植草沟边坡较小，占用土地面积较大，因此一般不适用于高密度区域。在径流量小及人口密度较低的居住区、工业区或商业区，植草沟可以代替路边的排水沟或雨水管道系统。干草沟最适用于居住区，通过定期割草可有效保持植草沟干燥。湿草沟一般用于高速公路的排水系统，也用于过滤来自小型停车场或屋顶的雨水径流，由于其土壤层在较长时间内保持潮湿状态，可能产生异味及蚊蝇等卫生问题，因此不适用于居住区。

植草沟设计的根本目的在于排水，并以植草的方法降解面源污染，设计做法主要基于污染控制的角度考虑。此外，设计过程中有一些设计参数要满足特定的条件，这些参数包括曼宁系数、植草沟纵向坡度和断面边坡坡度、植草沟草的高度、最大有效水深及断面高度、水力停留时间、最大径流流速、植草沟底宽、植草沟的长度等。一般的设计步骤包括：① 植草沟平面及高程的布置；② 植草沟设计流量的确定；③ 植草沟水力计算；④ 植草沟设计要素校核。经过步骤②～④就可以基本确定植草沟的断面尺寸和构造。在此基础上进一步对植草沟进行平面和高程布置，保证植草沟的径流水力临界条件和污染物净化效果。植草沟宽度的确定应遵循如下原则：保证处理效果，实现转输目标，满足景观要求，便于维护管理，保障公众安全。受场地因素限制，植草沟的宽度一般根据城市建设预留地的范围来确定。边坡系数取值宜处于 0.1～0.25 之间。

道路两侧的植草沟边坡系数通常会受十字路口影响。在不经过交叉路口时，边坡系数的取值主要考虑维护管理和公众安全。在交叉路口处，若路面高度高于植草沟边缘高度，边坡系数通常应在 1/6～1/4 之间取值，此时应在路面以下预留排水管道；若路面与植草沟边缘在同一高程，边坡系数应取 1/9。植草沟高程的选择应由城市规划和景观设计者共同决定，在设计过程中也应参考当地公路配套设施的设计规范和标准图集。

2. 下沉式绿地

(1) 下沉式绿地的种类

① 简易型下沉式绿地如图 3.2.14 所示，这种模式适用于常年降雨量较小，不需要精心养护的普通绿化区域。绿地与周边场地的高差在 10 cm 以下，底下不设排水结构层，出现较大降雨时绿地的排水以溢流为主，一般雨水通过补渗地下水的方式消化，不考虑雨水的回收利用；可以少量接纳周边雨水，以利于减少浇灌频率。

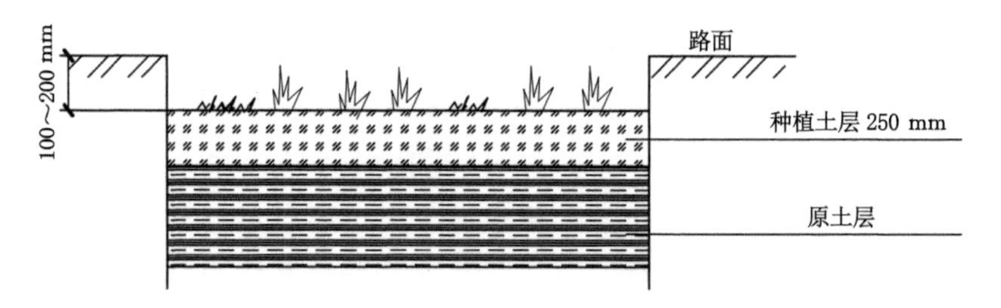

图 3.2.14　简易型下沉式绿地

② 典型设有排水系统的下沉式绿地如图 3.2.15 所示。标准的下沉式绿地的典型结构为绿地高程低于周围硬化地面高程 15～30 cm，雨水溢流口设置在绿地中或绿地和硬化地面交界处，雨水口高程高于绿地高程且低于硬化地面高程，溢流雨水口的数量和布置应按汇水面积所产生的流量确定，溢流雨水口间距宜为 25～50 m，雨水口周边 1 m 范围内宜种植耐旱耐涝的草皮。出现较大降雨时，雨水通过排水沟、沉砂池溢流至雨水管道，避免绿地中雨水出现外溢。这种方式适用于较大面积的绿地，常年降雨量大、暴雨频率高的地区，在雨水控制区根据蓄水量承担一定的外围雨水。

③ 兼顾雨水收集和再利用的下沉式绿地适用于那些全年降雨充沛且具有明显的周期性特征、存在旱季的场地或者全年平均降雨量 400～800 mm 的半湿润气候地区。海绵城市的设计目标均应该强调雨水的收集再利用，作为

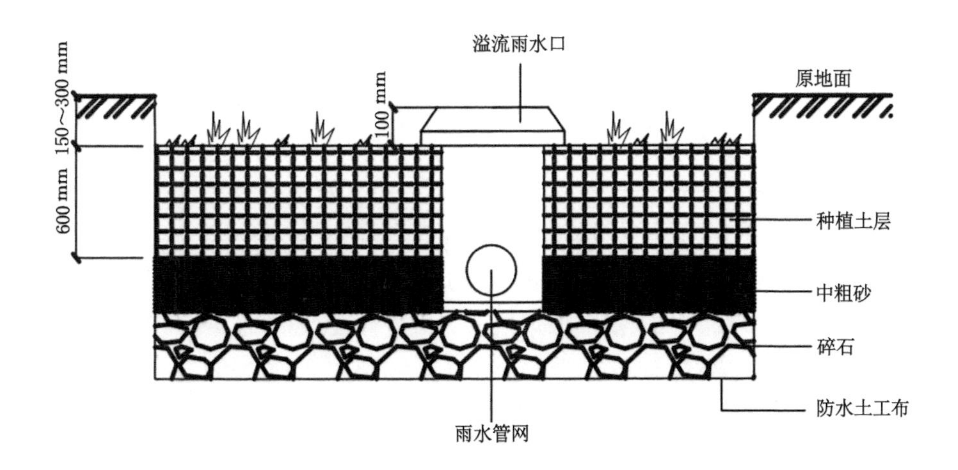

图 3.2.15　典型设有排水系统的下沉式绿地

居住区中具有天然储水、渗水功能的绿地也被纳入雨水收集和处理设施的一部分，在绿地区域同时设计渗水管、集管、蓄水池、泵站和回灌设施，绿地及周边雨水排入绿地，通过绿地的过滤和净化，进入渗水管、集管、蓄水池，多余的雨水溢流进入市政雨水管道，收集后的雨水可以用于绿地的养护和周边道路的喷洒等，可降低后期的维护管理费用。兼顾雨水收集和再利用的下沉式绿地如图 3.2.16 所示。

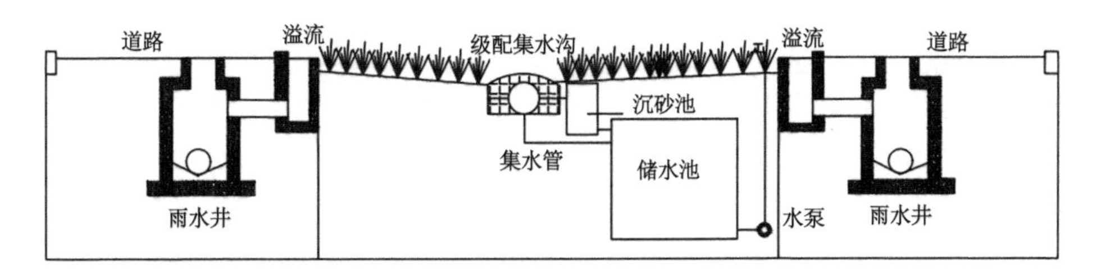

图 3.2.16　兼顾雨水收集和再利用的下沉式绿地

(2) 下沉式绿地的要求

下沉式绿地可广泛应用于城市建筑与小区、道路、绿地和广场内。一般应满足以下要求：

① 下凹深度应根据植物耐淹性能和土壤渗透性能确定，一般为 100～200 mm。

② 下沉式绿地内一般应设置溢流口，以保证暴雨时径流的溢流排放，溢流

口顶部标高一般应高于绿地 50～100 mm。

③ 对于径流污染严重、设施底部渗透面距离季节性最高地下水位或岩石层小于 1 m 及距离建筑物基础小于 3 m（水平距离）的区域，应采取必要的措施防止次生灾害的发生。

④ 为确保雨水能够进入下沉式绿地内，并保证行人和行车的安全，须合理设计下沉式绿地与周围铺装以及雨水口的竖向衔接方式。

⑤ 应合理设计植物淹水时间，土壤渗透性较差的地区可以通过添加炉渣等措施增大土壤渗透能力，缩短下沉式绿地中植物的淹水时间。对于壤质砂土、壤土、砂质壤土等渗透性能较好的地区，可将绿地下沉深度适当增加到 15～30 cm 甚至更大。但是随着绿地下沉深度的增加，建设成本也会加大，一般下沉深度不宜大于 50 cm。对于壤质黏土、砂质黏土、黏土等渗透性较差的地区，植物长期淹水导致根部缺氧，会对植物的生长产生危害，因此绿地下沉深度不宜大于 10 cm，也可以适当缩小雨水溢流口高程与绿地高程的差值，使得下沉绿地集蓄的雨水能够在 24 h 内完全下渗。

3. 雨水花园

(1) 雨水花园的组成

雨水花园一般建在较周围地势更低的地区，在旱季时为自然绿地，与周围植被绿地融为一体，在雨季时可以储存雨水，形成水面。雨水花园内部积攒的雨水经过植物和土壤的过滤得到净化，然后慢慢回灌至地下，可补充地下水。雨水花园也可以与水池合建，将过滤后的雨水存储至雨水储存池，便于回用。雨水花园主要由蓄水层、覆盖层、种植土层、人工填料层和砾石层等五部分组成，如图 3.2.17 所示。其中，在人工填料层和砾石层之间可以铺设一层砂层或土工布，根据雨水花园与周边建筑物的距离和环境条件可以采用防渗或不防渗两种做法。当有回用要求或要排入水体时还可以在砾石层中埋置集水穿孔管。

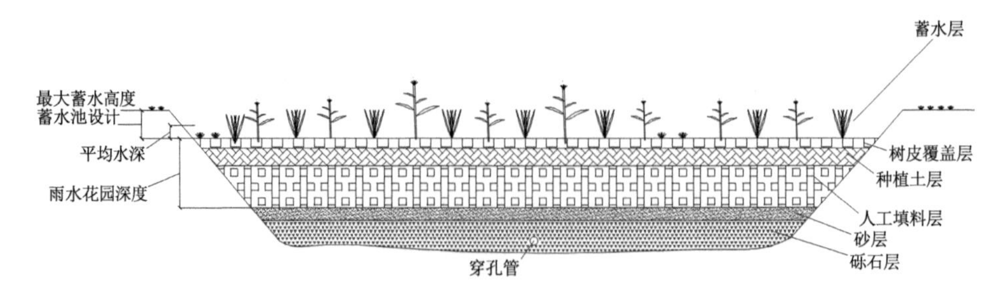

图 3.2.17　典型雨水花园结构示意图

① 蓄水层：为暴雨提供暂时的储存空间，使部分沉淀物在此层沉淀，进而促使附着在沉淀物上的有机物和金属离子得以去除。其高度根据周边地形和当地降雨特性等因素而定，一般多为 100～250 mm。

② 覆盖层：一般采用树皮进行覆盖。覆盖层对雨水花园起着十分重要的作用，可以保持土壤的湿度，避免表层土壤板结而造成渗透性能降低。在树皮与土壤界面营造了一个微生物环境，有利于微生物的生长和有机物的降解，同时还有助于减少径流雨水的侵蚀。其最大深度一般为 50～80 mm。

③ 种植土层：种植土层为植物根系吸附以及微生物降解烃类、金属离子、营养物和其他污染物提供了一个很好的场所，有较好的过滤和吸附作用。一般选用渗透系数较大的砂质土壤，其主要成分中砂子含量为 60%～85%，有机成分含量为 5%～10%，黏土含量不超过 5%。种植土层厚度根据植物类型而定，当采用草本植物时一般厚度为 250 mm 左右。种植在雨水花园的植物应是多年生的、可短时间耐水涝的植物。

④ 人工填料层：多选用渗透性较强的天然或人工材料，其厚度应根据当地的降雨特性、雨水花园的服务面积等确定，多为 0.5～1.2 m。当选用砂质土壤时，其主要成分与种植土层一致。当选用炉渣或砾石时，其渗透系数一般不小于 10^{-5} m/s。

⑤ 砾石层：由直径不超过 50 mm 的砾石组成，厚度为 200～300 mm。在其中可埋置直径为 100 mm 的穿孔管。经过渗滤的雨水由穿孔管收集进入邻近的河流或其他排放系统。通常在填料层和砾石层之间铺一层土工布是为了防止土壤等颗粒物进入砾石层，但是这样容易引起土工布的堵塞；也可在人工填料层和砾石层之间铺设一层 150 mm 厚的砂层，防止土壤颗粒堵塞穿孔管，还能起到通风的作用。

(2) 雨水花园的植物选择与配置

雨水花园的植物选择与配置如下：

① 优先选用本土植物，适当搭配外来物种。本土植物对当地的气候条件、土壤条件和周边环境有很好的适应能力，在人为建造的雨水花园中能发挥很好的去污能力，并使花园景观具有极强的地方特色。雨水花园一般挑选耐水、耐湿性好且植物植株造型优美的乔木作为常用植物，便于塑造景观和管理维护，如湿地松、水杉、落羽杉、池杉、垂柳等。

② 选用根系发达、茎叶繁茂、净化能力强的植物。植物对雨水中污染物质的降解和去除机制主要有三个方面：一是通过光合作用，吸收利用氮、磷等物质；二是通过根系将氧气传输到基质中，在根系周边形成有氧区和缺氧区穿插存在的微处理单元，使得好氧、缺氧和厌氧微生物各得其所；三是植物根系对污染物

质特别是重金属的拦截和吸附作用。根系发达、茎叶繁茂、净化能力强的典型植物有芦苇、芦竹、香蒲、香根草等。

③ 选用既可耐涝又有一定抗旱能力的植物。因雨水花园中的水量与降雨变化息息相关,存在干湿交替出现的现象,因此种植的植物既要适应水生环境又要有一定的抗旱能力。根系发达、生长快速,茎叶肥大的植物能更好地发挥功能,如马蹄金、斑叶芒、细叶芒、蒲苇等。

④ 选择可相互搭配种植的植物,提高去污性和观赏性。不同植物的合理搭配可提高对水体的净化能力。可将根系泌氧性强与泌氧性弱的植物混合栽种,构成复合式植物床,创造出有氧微区和缺氧微区共同存在的环境,从而有利于总氮的去除;也可将常绿草本与落叶草本混合种植,提高花园在冬季的净水能力;还可将草本植物与木本植物搭配种植,提高植物群落的结构层次性和观赏性。可选植物如灯芯草、水芹、凤眼莲、睡莲等。

⑤ 多利用香花植物、芳香植物。这类植物有助于吸引蜜蜂、蝴蝶等昆虫,可创造更加良好的景观效果,如美人蕉、姜花、慈姑、黄菖蒲等。

3.2.4 城市水系

应充分利用自然水体建设湿塘、雨水湿地等具有雨水调蓄功能的低影响开发设施,湿塘、雨水湿地的布局、调蓄水位、水深等应与城市上游雨水管渠系统和超标雨水径流排放系统及下游水系相衔接。应充分利用城市水系滨水绿化控制线范围内的城市公共绿地,在绿地内建设湿塘、雨水湿地等设施调蓄、净化径流雨水,并与城市雨水管渠的水系入口、经过或穿越水系的城市道路的路面排水口相衔接。有条件的城市水系,其岸线宜建设为生态驳岸,并根据调蓄水位变化。河岸植被缓冲带是位于水面和陆地之间的过渡地带,呈带状的邻近河流的植被带,是介于河流和高地植被之间的生态过渡带。河岸植被缓冲带能为水体与陆地交错区域的生态系统形成过渡缓冲,将自然灾害的影响或潜在对环境质量的威胁加以缓冲,可以有效地过滤地表污染物,防止其流入河流对水体造成污染。河岸植被缓冲带能为动植物的生存创造栖息空间,提高河流生物与河流景观的多样性,还能起到稳定河道、减小灾害的作用,并能作为临水开敞空间,是市民休闲娱乐、游憩健身、认识自然、感受自然的理想场所。科学地设计缓冲带是使河流景观恢复的重要基础,在设计中要考虑选址、植被的宽度和长度、植被的组成等因素。

(1) 河岸植被缓冲带的选址

合理地设置缓冲带的位置是保证其有效拦截雨水径流的先决条件。根据实际地形,缓冲带一般设置在坡地的下坡位置,与径流流向垂直布置,在坡地长度允许的情况下，可以沿等高线多设置几条缓冲带，以削减水流的冲刷能量。如果选址不合理，大部分径流会绕过缓冲带，直接进入河流，其拦截污染物的作用就会大大减弱。一般的做法是沿河流全段设置宽度不等的河岸植被缓冲带。

(2) 河岸植被缓冲带的宽度

到目前为止，研究人员还没有得到一个比较统一的河岸植被缓冲带的有效宽度。根据国内外对河岸植被缓冲带的研究，考虑到满足动植物迁移和传播、生物多样性保护功能及能有效截留过滤污染物等因素，目前我国普遍使用 30 m 宽的河岸植被带作为缓冲区的最小值。当宽度大于 30 m 时，能有效地起到降低温度、增加河流中食物的供应和有效过滤污染物等作用；当宽度大于 80～100 m 时，能较好地控制水土流失和河床沉积。

(3) 河岸植被缓冲带的结构

目前，我国已治理的城市河流大都留出了一定宽度的植被带，但是树种结构或较为单一，或硬化面积比重过大，或仅注重园林植物的层次搭配、色彩、呼应，较少考虑植被缓冲带综合功能的发挥。河岸植被缓冲带通常由三部分组成。紧邻水边的河岸区一般需要至少 10 m 的宽度，植被带包括本地成熟林带和灌丛，不同种类的组合形成一个长期而稳定的落叶群落。对该区的管理强调稳定性，保证植被不受干扰。位于中部的中间区，位于河岸区和外部区之间，是植物品种最为丰富的地区，以乔木为主，利用稳定的植物群落来过滤和吸收地表径流中的污染物质，同时结合该地区的地形地貌，设置基础服务设施，满足游人游憩、休闲等户外活动的需求。根据河流级别、保护标准、土地利用情况，中间区的宽度一般为 30～100 m。外部区位于河岸带缓冲系统的最外侧，是三个区中最远离水面的区域，同时也是与周围环境接触最密切的地区，主要的作用是拦截地表径流，减缓地表径流的流速，提高其向地下的渗入量。种植的植被可为草地和草本植物，主要功能是减少地表径流携带的面源污染物进入河流。外部区可以作为休闲活动的草坪和花园等。

(4) 选择适应的水生及湿生植物

植物的选择以乡土植物为主，不可选用入侵植物；选择耐旱、又有短暂耐水湿能力及抗逆性良好的植物；选择具有较高观赏价值或特性的植物；应选择长势强、具有发达根系的植物。例如：斑叶芒、细叶芒、蒲苇等。

各类用地类型低影响开发设施选用如表 3.2.2 所示。

表 3.2.2 各类用地类型低影响开发设施选用一览表

技术类型（按主要功能）	单项设施	用地类型			
		建筑与小区	城市道路	绿地与广场	城市水系
渗透技术	透水砖铺装	●	●	●	■
	透水水泥混凝土	■	■	■	■
	透水沥青混凝土	■	■	■	■
	绿色屋顶	●	▼	▼	▼
	下沉式绿地	●	●	●	■
	简易型生物滞留设施	●	●	●	■
	复杂型生物滞留设施	●	●	■	■
	渗透塘	●	■	●	▼
	渗井	●	■	●	▼
储存技术	湿塘	●	■	●	●
	雨水湿地	●	●	●	●
	蓄水池	■	▼	■	▼
	雨水罐	●	▼	▼	▼
调节技术	调节塘	●	■	●	■
	调节池	■	■	■	▼
传输技术	转输型植草沟	●	●	●	■
	干式植草沟	●	●	●	■
	湿式植草沟	●	●	●	■
	渗管/渠	●	●	●	▼
截污净化技术	植被缓冲带	●	●	●	●
	初期雨水弃流装置	●	■	■	▼
	人工土壤渗滤	■	▼	■	■

注：●代表宜选用，■代表可选用，▼代表不宜选用。

3.3 污水截流设施

污水截流设施是设于合流制排水系统中，用于将旱流污水和初期雨水截流至污水管道，且保证雨水为主的混合水能溢入受纳水体的构筑物。其作用是将污水和初期雨水截流入污水截流管，并保证在设计流量范围内雨水排泄通畅。设置地点应根据污水截流干管和污水管道位置、周围地形、排放受纳水体的水位高程、排放口的周围环境而定。污水截流设施中溢流管底出口高程宜在排放水体受纳洪水位以上。

3.3.1　传统截流井

1. 传统截流井的分类

传统截流井按其类型分为堰式、槽式、槽堰式。

(1) 堰式截流井

堰式截流井是国内外截流式合流制改造中使用较普遍的一种截流井，不需要改变管线标高，也不用减小截流管的高程。堰式截流井是在截流井内设置一道溢流堰，晴天时截流旱流污水，降雨时截流混合污水，超出截流井能力的混合污水则越过溢流堰排入水体。堰式截流井可以有效避免河水倒灌，但会影响泄洪。

(2) 槽式截流井

槽式截流井是在截流井内建造一道与截流管管道直径同宽的截流槽，槽底低于被截流管的管道内底。槽式截流井形式简单，截流成效好，对上游影响小，也不影响下游溢流管泄水能力，可是需降低溢流管的设计高程，在设计管道标高受约束的情况下不适用。因未设置截流堰，雨天时槽式截流井基本不影响行洪，但是无法防止河水倒灌。

(3) 槽堰式截流井

槽堰式截流井是在截流井内建造一道较低的溢流堰，并在溢流堰前设置一道截流槽。井内的溢流堰高度可以等其他结构施工结束后结合进水量确定。随着社会的进步，工业企业排放的污染性气体、汽车尾气等会形成大气干沉降，累积在地表上，沉积在管道中，随着降雨，这些污染物会随着雨水的冲刷进入水体对水质产生污染，使得城市雨水管道污染问题变得更加严重。因此，如何控制城市强降雨雨水污染问题及加大雨水利用率已成为国内外学者广泛关注的研究热点。国内外普遍采用的处理方式是：规划、设计和实施截流装置及其系统，如截流堰、限流封板、止回阀、控制闸等传统截流装置，但是上述截流装置都存在不同程度的缺陷：如截流量调节不精确，截流需要改变原有截流井结构，截流管中污水量及充满度的动态变化需要实时观察，截污流量小，水力学设计使其实际截流实施困难等。

2. 截流井设置的主要形式

截流井是集中的一口井，即把一些产生污染的窨井集中到此井中，由此井通向污水处理厂，然后进行污水处理。如果没有此井，要想污水进入污水厂，就必须每根管子都进污水处理厂，而使用截流井后，到污水处理厂的管道就会大大减少,也利于收集污水。在生活中有很多种不同作用的截流井,用于不同的截流之用。截流井用在雨污合流系统中,目的是将雨污水分离。旱季时因管中只有污水,截流井可以将污水截住,流往新建污水管中,雨季时将部分雨水与污水截住并流入污水管中,其余雨水溢流通过井中堰,继续流向下游。沿河截污系统中截流井的设置形式主要有以下两种:一种是将截流井设在合流管接入截流主管道之前的末端位置上,称之为Ⅰ形,如图 3.3.1 所示;另一种是将截流井设在截流主管道与合流管交叉的位置上,称之为Ⅱ型,如图 3.3.2 所示。

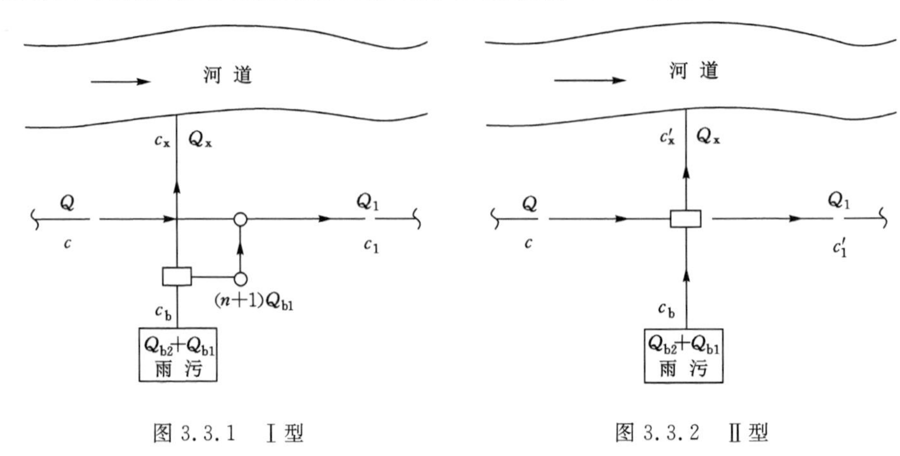

图 3.3.1　Ⅰ型　　　图 3.3.2　Ⅱ型

市政截污系统是着眼于河道范围外的市排水系统的污水截流措施。合流制排水系统在向分流制排水系统过渡的过程中,市政排水系统的分流制改造往往与地块呈现不同步性,后者往往滞后于前者。因此,对于市政排水系统为分流制而其服务的地块既有合流制又有分流制时,其截流措施可以按截流井设置的位置不同分为两种形式:一种是将截流井设置在市政排水管网系统的末端,如图 3.3.3 所示,称之为末端截流型;另一种是将截流井设置在合流管道接入分流制排水系统的位置,如图 3.3.4 所示,称之为源头截流型。

3.3.2　智慧截流井

传统截流井采用堰式、槽式、槽堰结合式的截流设施,在外江水位高时容易倒灌,为了防止倒灌则需要把堰加高,但这样做又影响排涝。在截流管方面,传统截流井多采用管径限流方式,无法解决雨天雨水倒灌、晴天瞬时大流量污水排放不畅的问题。设备形式有下开式堰门、液动旋转堰门、液压上开式堰门、传统螺杆式电动闸门等,应因地制宜,合理选用,以实现经济合理、操作可靠。相比传统截流井,智慧截流井的自动化程度较高,智慧截流井在传统截流井上增加了闸门、雨量计、超声波液位计等设备,安装在露天的雨量计能监测降雨量,通过分析

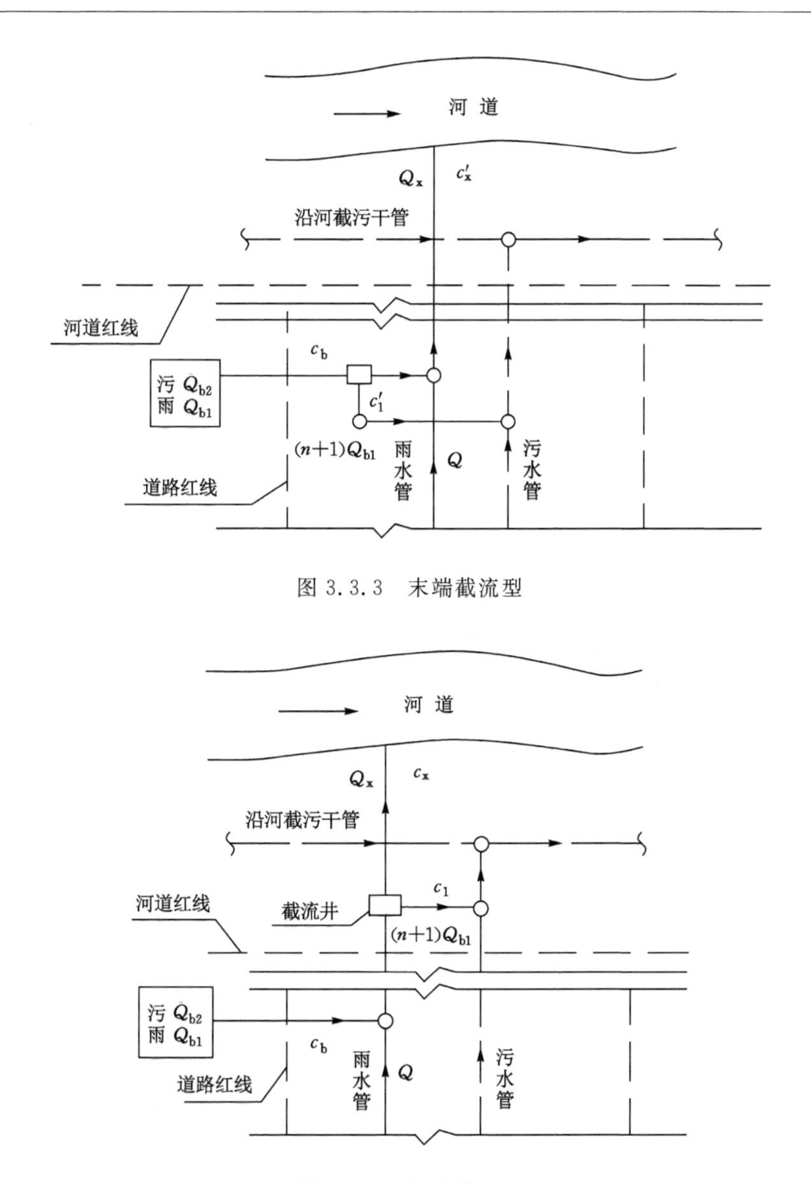

图 3.3.3　末端截流型

图 3.3.4　源头截流型

雨量大小，自动控制闸门的启闭。

智慧截流井可以更好地弥补传统截流井的缺陷，主要具备以下优势：① 智慧截流井截流管前安装了液动限流阀门，可以对直通污水处理厂的最大流量实现限流，而且能够避免污水回流；② 智慧截流井的截流高度能够自动调整，而且能避免河水倒灌；③ 智慧截流井采用水质法、雨量法、时间法和水位法进行控制；④ 智慧截流井可实现多个设备的联动控制。

(1) 智慧截流井的分类

A 型(下开式液动调节堰门+限流阀门)截流井的主要特点：① 闸门为下开式，井室挖深较深，对现场地质或支护条件要求较高；② 下开式闸门可根据河道水位上升而升高，可有效防止河道水位倒灌，适用于溢流口标高低于河道常水位的情况；③ 闸体不易被杂物堵塞，可靠性高；④ 闸门提升系统位于地下，不影响地面景观效果；⑤ 单价相对较高。A 型截流井见图 3.3.5。当溢流管出口内底低于河道常水位时，采用 A 型截流井。

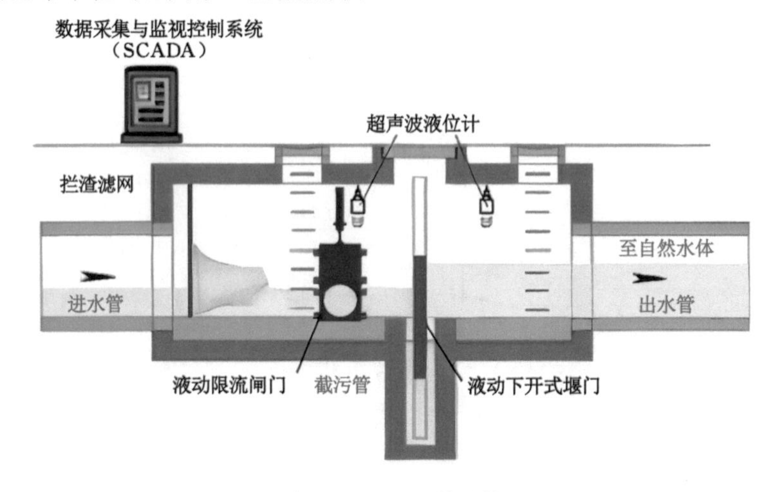

图 3.3.5　A 型截流井

B 型(液动旋转堰门+限流阀门)截流井的主要特点：① 闸门为液动旋转，井室长度方向较长，适用于狭长空间的施工；② 旋转堰门可根据河道水位上升而升高，有效防止河道水位倒灌，适用于溢流口标高低于河道常水位的情况；③ 闸门为平面旋转，安装不占用高度空间，截流井埋深较浅，施工难度小；④ 因闸门提升系统位于地下，不影响地面景观效果，适用于景观效果要求较高或者上部空间有通行需求的场所；⑤ 上部空间为非全封闭，短时降雨来不及开闸放水时雨水可从上方溢流，防止内涝。B 型截流井见图 3.3.6。当溢流管的出口内底低于河道常水位，而且截流井周边紧邻建筑物或者没有条件深度开挖时，采用 B 型截流井。

C 型(上开式闸门+限流阀门)截流井的主要特点：① 闸体不易被杂物堵塞，可靠性高；② 适用于溢流口标高高于河道常水位的情况；③ 闸门控制系统位于地上，方便检修维护；④ 闸门根据安装空间可选择液压上开式或传统螺杆式电动闸门；⑤ 传统螺杆式电动闸门的螺杆突出地面，不适合位于道路中间的

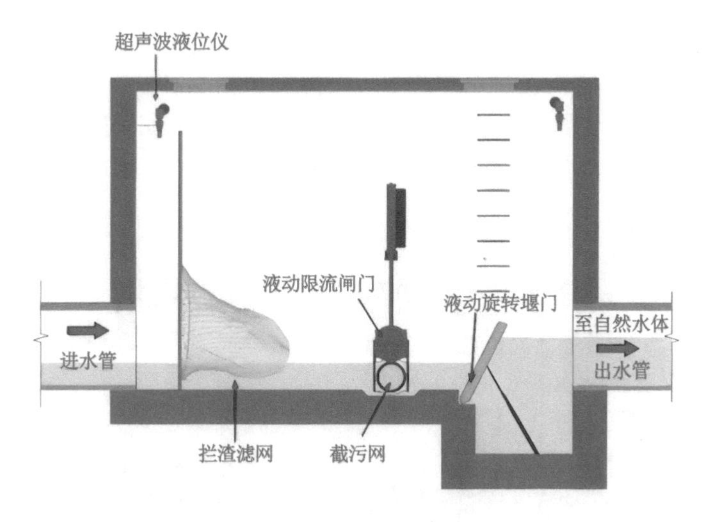

图 3.3.6　B 型截流井

截流井或者对周边景观有较高要求的情况。C 型截流井见图 3.3.7。当溢流管的出口内底高于河道常水位时,采用 C 型截流井。

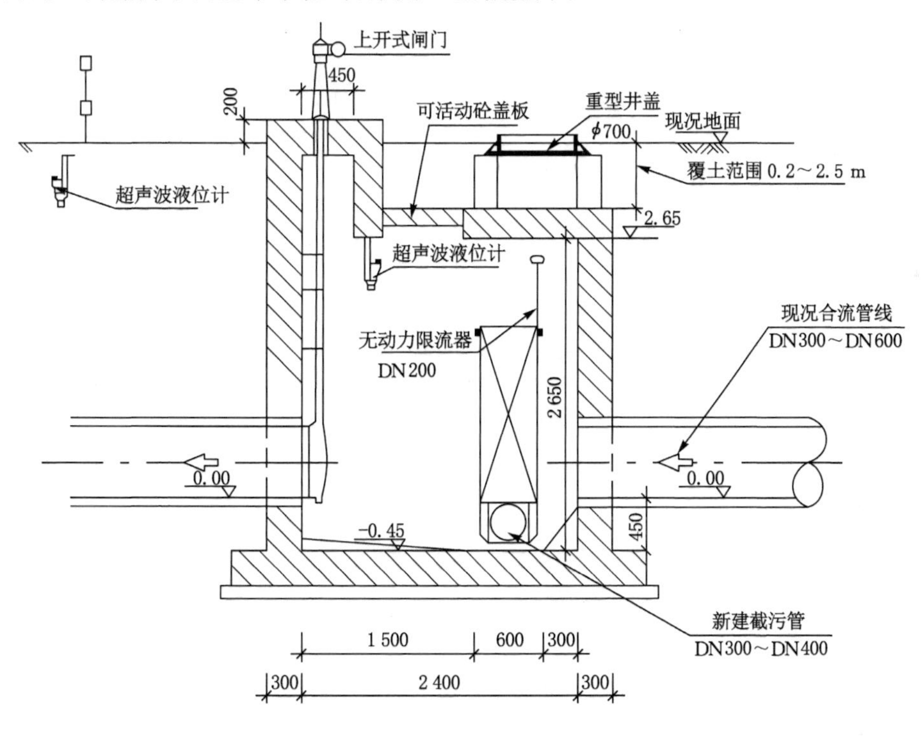

图 3.3.7　C 型截流井

(2) 智慧截流井的控制运行

智慧截流井由构筑设施与设备组成，构筑设施包括进水管、出水管（至河道）、截污管（至污水处理厂）；设备包括液动旋转堰门（下开式液动调节堰、上开式闸门）、液动限流阀门、拦渣滤网、超声波液位计、摄像头、控制系统。智慧截流井大样如图 3.3.8 所示。

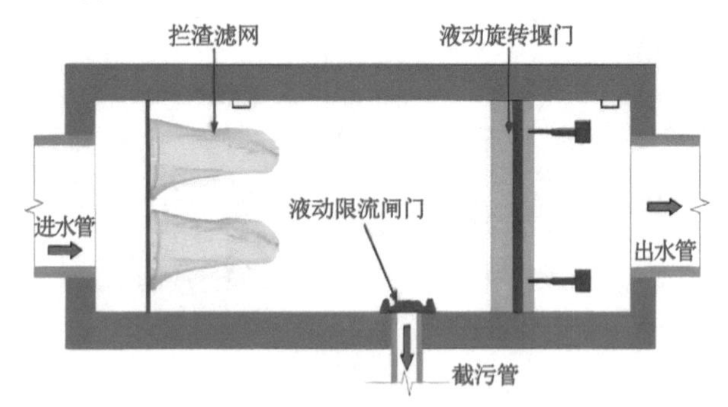

图 3.3.8　智慧截流井大样图

防止河道倒灌的控制原理：当河道水位上升时，超声波液位计将信号传送给控制室，控制室控制液动旋转堰门旋转上升，使堰顶始终比河道水位高150 mm，防止河水倒灌。当河道水位下降时，液动旋转堰门随河道水位下降而下降，直至堰顶下降到警戒水位后停止下降。当发生强降雨时，洪水可以从旋转堰门上方溢流，不会因未及时打开闸门而造成内涝，不影响溢流行洪。

(3) 智慧截流井的工作原理

智慧截流井设备的智能控制系统包含由雨量计、液位计构成的传感子系统和由通信模块、控制模块、控制逻辑构成的自动控制子系统。通过超声波液位计和雨量计调控闸门的启闭，可实现设备的自动控制、远程管理功能，还可实现与一体化提升泵站、一体化泵闸、钢坝控制系统的联动，同时搭建智慧水务平台，基于地理信息系统(GIS)地图与数据可视化的一体化管理平台，将设备接入控制终端，可实现数据的实时监控、采集及远程操控，从而实现城市排水系统的智能化管理。

新型智能化截流井对传统的截流式合流制与完全分流制进行了改进，避免了分流制初期雨水与合流制混合污水对水体造成的污染。通过闸门与限流阀门的设置，可以有效控制污水截流主干管的流量，从而选择合适的主干管管径，节省投资。减少进入污水泵站和污水处理厂的流量，可节省污水泵站和污水处理厂的投资及运行管理费用，同时有效保证污水和初期雨水优先流入截流主干管，达到保护水体和满足污水处理厂水质要求的目的，具有较好的经济效益和环境效益。

晴天时液动限流阀门处于开启状态,液动旋转堰门处于关闭状态,生活污水完全截流至截污管并输送到污水处理厂。

降雨时,若井内水位<警戒水位,在到达警戒水位时液动旋转堰门关闭,液动限流阀门开启,液动限流阀门的开度取决于流量,从而保证通过截污管的流量不会超过设定流量。若井内水位>警戒水位,关闭液动限流阀门,可确保雨水不倒灌进入污水系统;开启液动旋转堰门,可确保不内涝,将雨水排放到河道。

第4章　污水深度净化/资源化技术

4.1　污水资源化与再生利用

4.1.1　污水再生利用的目的

近些年来世界各国，特别是水资源短缺、城市缺水问题突出的国家，对水领域的总体战略目标都进行了相似的调整，将单纯的水污染控制转变为全方位的水环境的可持续发展。随着经济发展和城市化进程的加快，我国目前有半数以上城市缺水，水资源短缺问题直接影响到人民群众的生活和社会的可持续发展。我国对当前水资源短缺这一严峻形势给予高度重视，采取了多种措施来缓解水资源的危机，其中主要包括污水再生利用。《国务院关于加强城市供水节水和水污染防治工作的通知》中指出：大力提倡城市污水回用等非传统水资源的开发利用，并纳入水资源的统一管理和调配。在《国民经济和社会发展第十个五年计划纲要》中也首次出现了"污水处理回用"一词。纲要中明确规定：重视水资源的可持续利用，积极开展人工降雨、污水处理回用、海水淡化。

城市污水其实也是一种资源，污水再生利用的目的就是回收淡水资源以及污水中的其他能源和有用的物质。"污水资源化"将污水作为第二水源是解决水危机的重要途径。从目前的情况看，污水再生利用的目的主要是以回收淡水资源为主。对于水资源的开发和利用，科学合理的次序是地面水、地下水、城市再生水、雨水、长距离跨流域调水、淡化海水。目前地面水和地下水的短缺导致了水资源危机的出现，城市再生水的开发利用由此受到了广泛的关注和重视，因此，大力开发城市再生水、提高循环用水率，即进行污水再生利用已是当前缓解水资源危机措施的第一选择。

4.1.2　污水再生利用的意义

作为第二水源，污水再利用可以缓解水资源的紧张问题。如前所述，由于全球性水资源危机正威胁着人类的生存和发展，世界上的许多国家和地区已对污水再生利用做出总体规划，把经过处理后的再生污水作为一种新水源，以缓解水资源的紧张问题。污水经适当处理后可重复利用，可促进水在自然界中的良性循环。城市污水就近可得，易于收集输送，水质水量稳定可靠，处理简单易行，作为第二水源比利用雨水和海水可靠得多。据研究表明，人类使用过的下水，其污染杂质只占 0.1%，绝大部分是可再用的清水。城市供水量的 80%变为污水排入下水道，是一种很大的资源浪费，至少有 70%的污水可以再生处理后安全回用。因此进行污水再生利用，开辟非传统水源、实现污水资源化，对解决水资源危机具有重要的战略意义。

在工业生产过程中以循环给水系统代替直流给水系统，进行污水再生利用，可使淡水消耗量和污水排放量减少为原来的几分之一至几十分之一。大力发展污水再生利用，提高工业用水的重复利用率，对我国国民经济的可持续发展有着十分重要的意义。

污水再生利用可减轻江河、湖泊污染，保护水资源不受破坏。如果水体受到污染，势必降低淡水资源的使用价值。目前，一些国家和地区已出现水源因被污染不能使用而引起的水荒，被迫不惜以高昂的代价进行海水淡化，来取得足够数量的淡水。污水即使经过一定程度的处理，排入江河、湖泊、水库等水体，还是可能使其受到污染的。污水经处理后回用，不仅可以回收水资源及污水中的其他有用物质和能源，而且可以大幅减少污水排放量，从而减轻江河、湖泊等受纳水体的污染，保护水资源不受破坏。污水经过处理后用于灌溉，可通过植物对污水中营养物质的有效利用，使渗透水中的磷酸盐、氮和 BOD 等均有所下降。因此，污水回用于农业灌溉，是解决卫生问题的一种经济有效的方法，它可使由于污水排放造成的地下水污染及湖泊、水库等水体的富营养化程度减小。

污水再生利用是环境保护、水污染防治的主要途径，是社会和经济可持续发展的重要战略，是环境保护策略的重要环节。污水再生利用与目前世界所提倡的“清洁生产”“源头削减”和“废物减量化”等环境保护战略措施是一致的而且是不可分的。污水再生利用事实上也是对污水的一种回收和削减，而且污水中相当一部分污染物质只能在水再生利用的基础上才能回收。因此污水再生利用所取得的环境效益、社会效益是很大的，其间接效益和长远效益更是难以估量。

4.1.3　污水再生利用的对象

1. 用于农业灌溉

大约从 19 世纪 60 年代起，法国巴黎等世界上许多城市就一直将城市污水回用于农业灌溉。污水再生利用应将农业灌溉推为首选对象，其理由主要有两点：① 农业灌溉需要的水量很大，全球淡水总量中有 60%～80%用于农业，污水回用农业灌溉有广阔的天地；② 污水灌溉对农业和污水处理都有好处，既能够方便地将水和肥源同时供应到农田，又可通过土地处理改善水质。污水回用于农业，我国当前还存在水质、长年利用和管理三方面的问题需解决。

2. 用于工业生产

从大多数城市的用水量和排水量看，工业都是大户。但是，在淡水资源日益短缺、水价渐涨的情况下，工厂除了努力提高废水的循环利用率外，对城市污水回用于工业也变得越来越重视。工业用水根据用途的不同，对水质的要求差异很大，水质要求越高，水处理费用也越大。理想的再生利用对象应该是用水量较大且对处理要求不高的部门。符合这种条件的对象包括间接冷却用水和工艺用水。间接冷却用水对水质的要求(如碱度、硬度、氯化物以及锰含量等)，城市污水的二级处理均能满足；其对水量要求很大，除考虑循环使用外，补充用水量就占工业总取水量的50%左右，所以间接冷却用水应作为城市污水工业回用的主要对象。工艺用水包括洗涤、冲灰、除尘、直冷以及锅炉给水、产品加工工艺用水等，其用水量占工业总用水量的20%～40%。其中许多用途如冲灰、除尘等要求水质较低，污水可以简单处理后回用；原料加工过程工艺用水、锅炉补给水等，对水质有不同要求，要进行相应的高级处理。

3. 用于城市生活

城市生活用水量比工业用水量小，但是对水质要求较高。世界上大多数地区对生活饮用水的水源控制严格，例如美国环保局认为，除非别无水源可用，尽可能不以再生污水作为饮用水源。现今再生污水可再用于城市生活的对象一般限于两方面：① 市政用水，即浇洒、绿化、景观、消防、补充河湖等用水；② 杂用水，即冲洗汽车、建筑施工以及公共建筑和居民住宅的冲洗厕所用水等。

4. 用于回注地层

污水回注于地下有助于土地渗液的进一步回收利用。注入含水层应防止地下水污染和海水倒灌等。

地理、气候和经济等因素影响着世界各地水再生利用的方式与程度。在以农业生产为主的地区，农业灌溉是水再生利用的主要方式；在干旱地区，如以色列、澳大利亚、美国的加利福尼亚州和亚利桑那州等，农业灌溉和地表补充是水再生利用的主要方式；日本将再生水主要用作城市商业、工业以及环境景观中。

4.2 污水自然生态处理技术

4.2.1 稳定塘

1. 稳定塘的特点与类型

稳定塘又称氧化塘，是一种古老而又不断发展的、在自然条件下处理污水的生物处理系统。稳定塘系统由若干自然或人工挖掘的池塘组成，通过菌藻作用或菌藻、水生生物的综合作用而实现污水的净化。经过长期实践，稳定塘处理工艺作为代用技术而重新得到重视，近几十年来在世界范围得到复兴和发展。稳定塘技术已广泛应用于城市污水和部分工业废水的处理。目前全世界已有几十个国家采用稳定塘处理污水，美国有稳定塘 7 000 余座。

稳定塘作为一门生物处理技术，其主要优点是：能充分利用地形，工程简单，可以利用农业开发利用价值不高的废河道、沼泽地，起到美化环境的效果；能够实现污水资源化，使污水处理与回用相结合。

稳定塘处理出水，一般都能达到农业灌溉的水质标准；塘内能形成藻菌、水生植物、浮游生物、底栖动物以及虾、鱼、水禽等多级食物链，组成复合生态系统，使水中有机污染物转化为鱼、水禽等食物。稳定塘的问题在于占地面积大，处理效果受气候、温度、光照等自然因素的影响，易产生臭气。

稳定塘可分为好氧稳定塘、兼性稳定塘、厌氧稳定塘等。好氧稳定塘水深约 0.5 m，阳光能透入，全部塘水呈好氧状态。好氧稳定塘降解能力相对较高，散发臭气少，适用于我国《城镇污水处理厂污染物排放标准》(GB 18918—2002)一级 A、B 标准出水的深度处理。兼性稳定塘水深大于 1 m，表面阳光能透入，藻类光合作用旺盛，塘底有沉淀污泥，处于厌氧发酵状态，中层为兼性区，存活大量兼性微生物。兼性稳定塘是应用较多的一种稳定塘。厌氧稳定塘水深大于 2 m，有机负荷高，整个塘水处于厌氧状态，污染物在其中进行水解、酸化、甲烷发酵等全过程，净化速度慢，污水停留时间长。厌氧稳定塘由于有臭气产生，在城市郊区及人口密集的农村不宜使用，只有在特殊条件下才使用。

2. 稳定塘的工艺及净化原理

稳定塘属于生物处理设施，其净化污水的原理与自然水域的自净机理十分相似，污水在塘内滞留的过程中，水中的有机物通过好氧微生物的代谢活动被氧化，或经过厌氧微生物的分解而达到稳定。好氧微生物代谢所需的溶解氧由塘表面的大气复氧作用以及藻类的光合作用提供，也可通过人工曝气供氧。

3. 稳定塘生态系统

稳定塘生态系统由生物及非生物两部分构成。生物系统主要包括细菌、藻类、原生动物、后生动物、水生植物以及高等水生动物；非生物系统主要包括光照、风力、温度、有机负荷、pH 值、溶解氧、CO_2、氮及磷营养元素等。

细菌与藻类的共生关系是构成稳定塘的重要生态特征。稳定塘内典型的生态系统见图 4.2.1。在光照及温度适宜的条件下，藻类通过光合作用利用 CO_2、无机营养和 H_2O 合成细胞并释放氧气。同时，异养菌利用溶解在水中的氧气降解有机质，生成 CO_2、NH_3、H_2O 等物质，这些物质又成为藻类合成的原料。其结果是污水中溶解性有机物逐渐减少，藻类细胞和惰性生物残渣逐渐增加并随水排出。

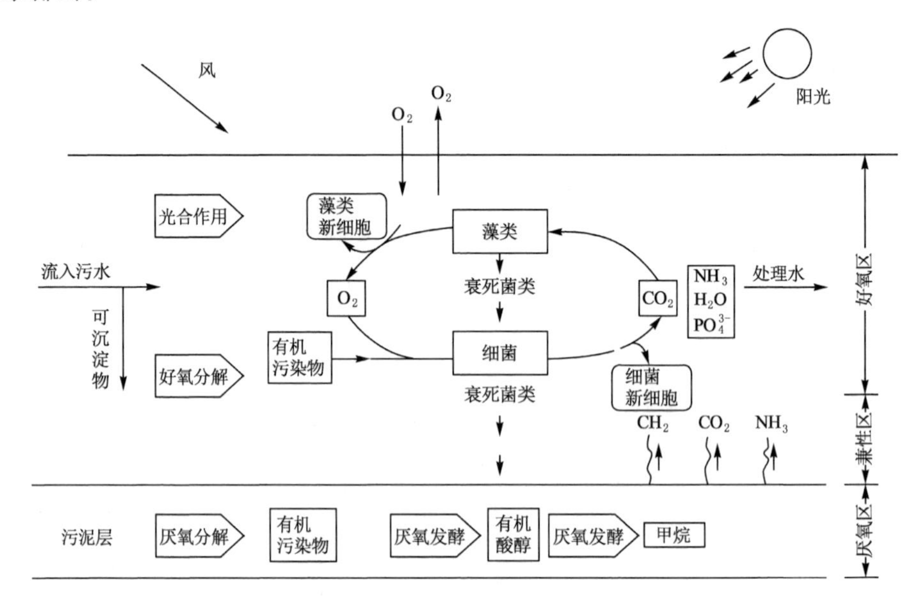

图 4.2.1 稳定塘内典型的生态系统

在稳定塘中，细菌和藻类是浮游动物的食料，而浮游动物又被鱼类吞食，高等水生动物也可直接以大型藻类和水生植物为饲料，形成多条食物链，构成稳定塘中各种生物相互依存、相互制约的复杂生态体系。

稳定塘生态系统的非生物组成部分亦即环境因子的作用也是不可忽视的。光照影响藻类的生长及水中溶解氧的变化；温度影响微生物的代谢作用；有机负荷则对塘内细菌的繁殖及氧、CO_2含量产生影响；pH 值、营养元素等其他因子也可能成为制约因素。各项环境因子相互联系、多重作用，构成稳定塘的生态循环。

4. 稳定塘中物质的迁移转化

稳定塘是比较复杂的生态系统，塘中物质转移过程受生物代谢及环境因素的影响和制约。在稳定塘中与污水净化关系最密切的是碳、氮、磷的转化和循环。

稳定塘内物质转移分析表明：① 塘内碳元素的转移量与有机碳的去除量密切相关，碳元素转移通量与有机碳的去除率正相关；② 生物稳定塘的工作机理主要体现为菌藻的协同工作及氧和 CO_2的动态平衡，污水中溶解性有机碳、氮、磷转换产物主要是藻体；③ 氮、磷的去除主要靠生物同化作用完成，由于生物同化能力有限，生物稳定塘的脱氮除磷能力较弱。

5. 稳定塘的供养

稳定塘中各类生物需要的氧气来自大气复氧和藻类光合作用释放的氧气。除曝气塘外，各类稳定塘一般无须人工充氧。通常认为，以藻类为主的水生浮游植物的光合作用是稳定塘供氧的主要来源。

4.2.2 好氧塘

好氧塘深度较浅，水深一般小于 0.5 m，主要靠塘内藻类放氧及大气表面复氧，全部塘水呈好氧状态，由好氧细菌起净化作用。好氧塘有机负荷较小，主要用于处理低浓度有机废水和城市二级处理厂出水。好氧塘适于 BOD_5 小于 20 mg/L 的污水深度处理，通常与其他塘（特别是兼性塘）串联组成塘系统，在部分气温适宜的地区也可以自成系统。其功能和设计目标是使塘出水水质达到《城镇污水处理厂污染物排放标准》一级 A、B 标准处理水平。

好氧塘内存在着藻-菌及原生动物的共生系统，在阳光照射时间内，塘内生长的藻类在光合作用下，释放出大量的氧，塘表面也由于风力的搅动作用进行自然复氧，这一切使塘水保持良好的好氧状态。在水中繁殖生育的好氧异养微生物通过其本身的代谢活动对有机物进行氧化分解，而它的代谢产物 CO_2 充作藻类光合作用的碳源。藻类摄取 CO_2 及 N、P 等无机盐类，并利用太阳光能合成其本身的细胞质，并释放氧气。

4.2.3 兼性塘

兼性塘是目前世界上应用最为广泛的一类塘，适宜 BOD_5 小于 50 mg/L 的污水深度处理。由于厌氧、兼性和好氧反应功能同时存在其中，兼性塘既可与其他类型的塘串联构成组合塘系统，也可以自成系统来达到出水达标排放的目的。

兼性塘深度在 0.5～1.2 m 范围。阳光对塘水的透射深度小于 0.4～0.5 m，在此深度范围内，藻类的生长不受限制，水中的溶解氧含量较高，尤其在白天能达到饱和，为好氧生物的生命活动提供了良好的环境条件，形成好氧微生物活动带。随着塘深度的增加，溶解氧含量逐步降低，形成兼性微生物的活动带。在底部的废水和污泥层中，溶解氧为零，因而水体中的微生物亦随之由兼性微生物活动带过渡到厌氧微生物活动带。

兼性塘中的上述 3 个区域通过物质与能量的转化形成相互利用的联系。在厌氧带范围产生的代谢产物向上扩散运动经过其他两区域时，所生成的有机酸可被兼性菌和好氧菌吸收降解，CO_2 被好氧层的藻类利用，CH_4 则逸散进入大气；好氧区的藻类死亡之后沉淀到厌氧区，由厌氧菌对此进行分解。

4.2.4 人工湿地

我国城市污水处理厂主要以 COD_{Cr}、SS、氮等为主要去除对象，而最有效的措施就是做好尾水的处理净化工作，从而实现水资源的循环利用。这样既实际缓解了城市水资源短缺的困境，又获取了较佳的综合效益。

当前，在污水厂处理污水的过程中，存在污水处理体量较大、范围较广的问题，尤其是污水厂的尾水处理难度显著提升，因此，为了进一步提高整个污水处理过程的效率及质量，应科学合理选取相应的处理措施。而人工湿地作为一类新兴的污水生态净化技术，主要是由基质、植物、微生物等构成的模拟天然湿地的复合体，具有适用范围广、去除成效佳、操作简易等优势，多用于不同类型的污水生态净化处理，实现了污水再生利用和生态修复双重成效，所以人工湿地技术已成为提升污水厂尾水水质首选的生态化处理方法。

1. 人工湿地对污水厂尾水处理的净化机理

人工湿地主要是为处理污水而人为设计建造的，其主要根据自然湿地生态系统中物理、化学的协同作用处理废水，该系统可有效改善以及优化区域气候，促进生态环境的良性循环，而最为显著的特征是高效率、低投资和低维持技术。通常情况下，人工湿地的实际结构包含三大单元，即填料、植物和微生物，因不同的单元自身肩负的职能不同，所以，净化机理是先通过一系列的化学和物理反应，然后再利用沉淀、吸附和分解转化等方式，将污水中的污染物有效去除。

在污水处理厂的尾水中，含有的有机物主要包含两大类，即可溶性有机物和不可溶性有机物。其中，可溶性有机物的有效分解去除，主要是利用湿地内植物的根系生物膜进行吸附、吸收以及厌氧代谢降解，而不可溶性有机物是通过湿地基质中的沉积、过滤等作用，将其充分存留，然后被微生物进行分解和应用。在人工湿地中，微生物作为该系统的核心构成，主要肩负着大量废水内污染物的降解工作，是将内部的大量有机物进行转化，最终以水和二氧化碳的形式呈现。并且，人工湿地系统的内部可吸收氨素，并将其通过有效的处理完成净化。通常，人工湿地内产生的硝化过程主要包括两大程序，第一步，将氨气通过亚硝化最终转变为 NO_2^-；第二步，通过反硝化反应实现 NO_2^- 和 NO_3^- 的还原，最终以气态氨的形式呈现。

2. 人工湿地对污水厂尾水处理的净化方式

人工湿地对污水厂的尾水具有较佳的处理成效，其去除污染物的范围较广，主要包含 N、P、SS、有机物等。而针对尾水中不同污染物的处理，其实际的处理方式也不一样，主要体现在以下几方面：

(1) 去除尾水中的氮

在实际应用人工湿地去除氮时，可选取的方式较多，如吸附、过滤和沉淀等，且不同的处理方式，其基本原理也不同，但需要充分结合实际状况进行高效处理。通常，在污水厂的尾水中会含有较多的氮，可最大限度被人工湿地内的植物吸收，而氮作为植物生长的关键元素，最终会转化合成为植物蛋白质，可以通过收割植物的方式将尾水中的氮有效去除。而微生物自身的硝化、反硝化功效和作用，对尾水中的氮去除具备较佳的作用。此外，在人工湿地内存在着大量植物，其根毛具有输氧功能，因此，按照湿地周围氧气的分布状况，可将其划分为三个区域，即好氧状态、缺氧状态、厌氧状态，这些区域可为各类微生物产生的硝化、反硝化作用提供良好的环境，同时，上述反应还可以同步完成。相比于常规的污水处理系统，人工湿地实际去除氮的效率更高。

(2) 去除尾水中的磷

磷和氮均是生物生长的必备元素，而水体中的磷是水体富营养化的关键约束元素，若污水处理厂的尾水中存在大量的磷，就会为藻类大面积地繁殖提供助力，从而使水体陷入富营养化状态。污水处理厂尾水中磷是以多种类型存在的，这主要与原水体中磷的类型密切相关，但通过实践发现，常包含多个盐类。因此，人工湿地去除尾水中的磷可选取多元化途径，其中，可利用基质自身的吸收和过滤手段，及时将无机磷予以有效去除。但最重要的是，由于人工湿地内的实际填料不同，所以最终获取的去除率也会不同。如果人工湿地内部的土壤所含有的铁、铝氧化物含量较高，就会有助于生成磷酸铁或磷酸铝；如果实际溶解度较低，就可以大幅度强化整个土壤的固磷水平。而填料选取为砾石的人工湿地，由于砾石内部的钙可最终转换为不可溶性的磷酸钙，所以，可将其通过沉淀方式及时去除。此外，植物吸收无机磷的基本原理和作用与无机氮相同，可将其转换为植物生长所需的养分，最终利用植物收割的方法将其彻底处理。

利用微生物去除污水厂尾水中的磷，其基本原理也是进行吸收和积累，是利用人工湿地根部区域的不同含氧状态，即可视为多个处理模块，从而充分确保不同细菌在厌氧条件下可持续性地吸收有机物，并及时释放存在于细胞原生质内部聚合磷酸盐的磷，来为其实际生存提供足够的养分和能量；而在好氧条件下，可氧化吸收的有机物为其提供充分的能量。此外，当微生物从废水内部吸收的磷多于其正常生长所需的磷时，可将其进行存储并为微生物细胞提供支持，所以，人工湿地也可以选取此类方式去除污水厂尾水中的磷。

(3) 去除尾水中的有机物

通常，在污水厂的尾水中会含量大量的有机物，而选用人工湿地去除有机物，也是污水厂尾水处理的核心工艺，其效果较佳。如尾水中存在着大量的有机物，均可利用沉淀、过滤的方式，先利用大量微生物进行存储收集，然后再对其进行分解应用;而针对可溶性的有机物,可最大限度利用植物根系的生物膜通过吸收、生物代谢等方式,及时有效去除。当前,从多个尾水工程实践中获知,当尾水浓度较低时,可选用人工湿地对 BOD_5 进行有效去除,其去除率可达 85%～95%,而 COD_{Cr} 的去除率也可以达到 80%以上。一般情况下,处理尾水中 BOD_5 的浓度在 10 mg/L 左右,而 SS 小于 20 mg/L。

第 5 章　污泥处理与处置

5.1　污泥处理与处置概述

在城市污水处理的过程中会产生大量的市政污泥，市政污泥是污水处理过程中最大的副产物。尽管不同污水处理厂产生的市政污泥成分各有不同，但都存在着一些共同的特征：① 市政污泥含有超过 90% 的水，这些水通常很难从污泥中分离出来；② 市政污泥是小污泥颗粒的胶体系统，可在水中形成稳定的悬浮液；③ 市政污泥形状不规则，孔隙率高，比表面积大；④ 市政污泥是有机污染物、无机污染物、微生物病原体和寄生虫卵的混合物。

目前，污泥的处理处置已成为城市固废处置的重点与难点之一，不仅是行业内一个令人头痛的问题，也是中央生态环境保护督察关注的重点。近些年，以"土壤改良"之名非法处置污泥、违规接收填埋污泥、污泥长期违法临时堆存、污泥集中处置设施建设严重滞后等问题层出不穷。目前，我国城镇污水处理规模达到 2.2×10^{8} t/d，每年产生的含水率 80% 的湿污泥超过 6×10^{7} t，随着《"十四五"城镇污水处理及资源化利用发展规划》中"城市污泥无害化处置率达到 90% 以上""新增污泥（含水率 80% 的湿污泥）无害化处置设施规模不少于 2 万吨/日"等内容的实施，预计到 2025 年我国污泥年处理量将突破 1×10^{8} t，污泥处理处置成为阻碍城镇污水处理领域的短板现象凸显。

毫无疑问，污泥兼具资源性和危害性的双重特性。一方面，污泥中含有氮、磷等营养物质和大量有机质，使其具备了制造肥料和作为生物质能源的基本条件；另一方面，污泥中含有大量病毒微生物、寄生虫卵、重金属、特殊有机物等有毒有害物质，存在严重的二次污染隐患。因此，如何在有效处理污泥污染物的同时，从中最大化地获得有价值物质，是当前环境领域研究的一个重点方向。

5.2　污泥的来源及分类

1. 污泥的来源

污泥来源广泛，主要有：① 在工业废水和生活污水的处理过程中自然沉淀截留的悬浮物质；② 废水经处理后由原来的溶解性物质转化而成的悬浮物质；

③ 在市政管网的排水系统中收集到的污泥；④ 来自江河、湖泊的淤泥；⑤ 来自各种工业生产产生的固体与水、油、化学污染物、有机质的混合物等。

2. 污泥的分类

(1) 净水厂污泥

净水厂污泥是净水厂在净水过程中产生的污泥，包括原水中的悬浮物质、有机物质和藻类等以及处理过程中形成的化学沉淀物，可细分为三类：含铝盐或铁盐混凝剂的沉淀污泥、滤池反冲洗水所含固体和水体软化产生的污泥。

(2) 污水厂污泥

污水厂污泥是污水净化处理过程中的产物，按污泥的性质可分为以有机物为主的污泥和以无机物为主的沉渣；而按照污水处理工艺可分为初沉污泥、剩余污泥、消化污泥和化学污泥。

(3) 清淤污泥

清淤污泥包括河道疏浚污泥和管道通沟污泥。随着城市建设、工业发展、人口增加，城市、乡镇、工业园区范围内的河道大多被污染并沉积了大量的底泥，需要时常进行清理。这些底泥无机物含量大，重金属污染更为严重，油类也多严重超标。河道疏浚污泥由于清淤工程的实施而呈现污泥量大、排放时间集中、泥性沿河分布有所差异的特点，且污泥处置妥当与否直接制约河道清淤工程的进行。

由于城镇污水中含有大量的悬浮物，输送过程中污水流速的变化，会导致一部分悬浮物沉淀下来，这些淤积在输送管道内的各种固态物就是管道通沟污泥。一般包含随生活污水或工业废水进入管道输送系统的颗粒物和杂质，也有道路降尘、垃圾，以及建筑工地排放的泥浆和其他杂物。

(4) 工业污泥

工业污泥是指如印染厂、制革厂、造纸厂等工业厂家的污水经处理后产生的大量污泥。这些污泥成分比较复杂，含有大量有害、有毒物质，如重金属、病原体、酸、碱等。

5.3 国内外污泥处理方法

5.3.1 国外污泥处理方法

总的来说，国外污泥处理方法主要有压滤脱水、消化处理和燃烧处理三种。随着环保技术的不断发展，越来越多的国家开始关注污泥的资源化利用，例如将污泥中的有机物转化为肥料或能源等。

(1) 美国是全球污泥处理技术最为发达的国家之一。在美国，污泥处理主要采用以下几种方法。

① 厌氧消化：将污泥置于密闭容器中，通过微生物的作用将污泥分解产生沼气等，达到减少污泥体积、稳定有机物的目的。

② 好氧消化：将污泥置于通气的容器中，加入空气等氧气，通过微生物的作用将污泥中的有机物氧化分解，达到减少污泥体积、稳定有机物的目的。

③ 热干化：将污泥置于高温高压的反应器中，通过高温脱水将污泥中的水分与有机物分离，达到减少污泥体积、稳定有机物的目的。

(2) 日本地少人多，基于这个原因，其污泥处理方法主要以焚烧后建材利用为主，农用与填埋为辅，其焚烧后的灰渣用于路基、建材、水泥原料等多个领域。近年来，随着污泥碳化、气化、熔融、生产固体燃料等新技术的出现，日本对污泥处置路线做了一定的调整，虽然仍以焚烧为主，但加大了污泥碳化、气化、熔融、生产固体燃料等新技术的应用。作为全球环保技术领先的国家之一，其污泥处理方法主要采用以下几种：

① 压滤脱水：将污泥置于滤布中，通过压力将污泥中的水分脱离，达到减小污泥体积、稳定有机物的目的。

② 热解压滤：将污泥置于加热压滤机中，通过高温高压将污泥中的水分和有机物分离，达到减少污泥体积、稳定有机物的目的。

③ 燃烧处理：将污泥直接燃烧或经过干化后再燃烧，将污泥中的有机物氧化分解，达到减少污泥体积、稳定有机物的目的。

(3) 德国是欧洲环保技术领先的国家之一，其污泥处理方法与美国、日本有共性，另外还采用以下几种方法：

① 真空滤波：将污泥置于滤布中，通过负压将污泥中的水分脱离，达到减少污泥体积、稳定有机物的目的。

② 热解：在厌氧环境下，把有机物质转换成生物油、烧焦物、合成气体和反应水，达到减少污泥体积、稳定有机物的目的。

以上列举的三个国家在污泥处理方法上有共同的优势：污泥处理技术成熟，处理效率高，处理质量好，符合环保标准。但也有共同的弊病：污泥处理设施投资较大，运维成本高。同时，采用的技术不同，还有不同的弱势，如热解压滤需要较高的能源消耗，不太环保；厌氧消化和好氧消化需要占用较大的土地面积。

总的来说，国外的污泥处理技术发达，处理效率高，处理质量好，符合环保标准。但是，污泥处理设施投资较大，运维成本高，同时一些处理方法需要较高的能源消耗，不太环保。

5.3.2 国内污泥处理方法

国内污水处理事业起步较晚，近20年来才有了一定的发展，污泥的处理更不完善。目前全国已经建成的污水处理厂已超过400多座，污泥年产量已超过1×10^8 t，而有污泥处理工艺的只占30%，有污泥稳定处理设施的约为25%，建有污水处理厂的大中城市中，90%的污泥处理设施不配套，一些中小城市基本没有污泥处理设施。

20世纪80年代以前，城市污水厂污泥一般只有静止沉降一道处理工艺，湿污泥含固率很低，20世纪80年代后，少数污水厂开始设污泥机械脱水处理，将污泥含固率由原来的1%～3%提高到20%～25%，但仍存在脱水后污泥的出路问题。近10年来，城市污水厂的污泥处理技术和某些单项专用设备才有了较大发展，但在污泥处理系统设备的成套化水平上，落后国外30多年。污泥处理设备性能差，效率低，能耗高，专用设备少，未形成标准化和系列化。

国内污泥的处理费用仅占污水厂总运行费用的20%～35%，低于发达国家的50%～70%。目前，国内常用的污泥处理方法有：浓缩、污泥调理、厌氧消化、脱水、堆肥等。至于好氧消化、湿式氧化、消毒、热干燥、焚烧、低温热解等尚处于研究试验阶段。污水厂的污泥处理处置工艺流程如图5.3.1所示。

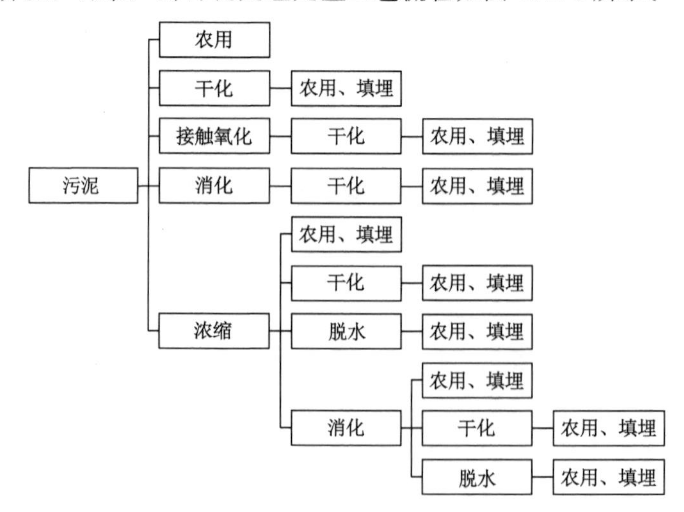

图5.3.1　污泥处理处置工艺流程图

我国重点流域污泥处置方式主要包括填埋、焚烧、建材利用和土地利用。填埋所占比例为53.79%，主要与城市生活垃圾进行混合填埋；焚烧所占比例为18.31%，以电厂协同焚烧为主，单独焚烧所占比例较低；建材利用所占比例为

16.08％，主要方式为制水泥和制砖；土地利用所占比例为11.82％，处置方式主要为园林绿化和土地改良。我国城市污泥的组成和结构有自己的特点，在设计污泥处理处置工艺时不尽与国外的完全相同。全国城市污水厂的污泥处理很不完善，处理水平低，污泥处理工艺简单，采用的主要还是常规的方法。目前，国内对污泥的处理做了大量的研究，取得了一定成果，但仍未大规模推广使用。

第二篇　工程和实践

第6章　徐州市城市污水处理现状

6.1　水环境质量状况

6.1.1　城市水体水质现状

1. 地表水环境质量概况

2018年，徐州市地表水49个评价断面（垂线）中，超标断面3个，达标断面46个，达标率93.9%。所有参评断面中（图6.1.1），达到地表水Ⅱ类水质的5个（10.2%），达到Ⅲ类水质的35个（占71.4%），达到Ⅳ类水质的6个（占12.2%），达到Ⅴ类水质的2个（占4.1%），劣Ⅴ类水质的1个（占2.1%）。其中9个国考断面水质全部达标，24个省考以上断面水质达Ⅲ类以上占比为83.3%，无劣Ⅴ类水质断面。

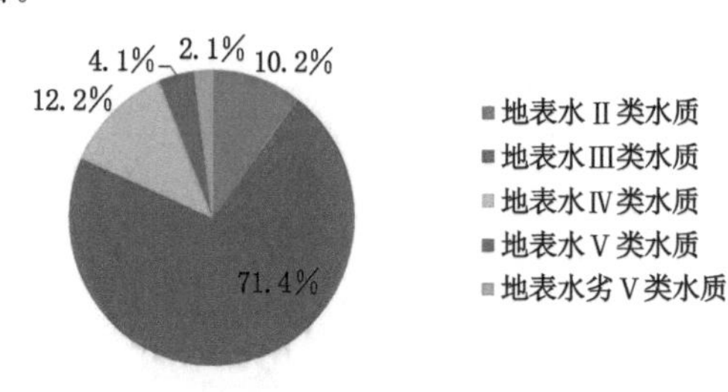

图6.1.1　地表水环境质量比例分布图

2018年，徐州市地表水出境断面达标率为100.0%，与2017年持平；入境断面达标率为66.7%，与2017年持平。

2. 市区主要水体水质现状

京杭运河（徐州段）：2018年，京杭运河（徐州段）监测断面全部达到地表水Ⅲ类标准。污染指数评价等级为轻度污染。整体水质较2017年无明显变化。

废黄河：2018年，废黄河（市区段）断面均达到其功能区划地表水Ⅳ类标准。污染指数评价等级为轻度污染。整体水质较2017年无明显变化。

奎河：2018年，奎河断面均达到其功能区划地表水Ⅴ类的标准。整体水质较2017年无明显变化。

云龙湖：2018年，云龙湖西湖中心、东湖中心均达到其功能区划要求的地表水Ⅲ类标准。污染指数评价等级为轻度污染。使用湖泊综合营养状态指数(TLI)法进行富营养程度评价，东湖中心、西湖中心均为轻度富营养状态。整体水质较2017年无明显变化。

3. 南水北调东线重点控制断面水质

2018年，徐州市涉及南水北调东线重点控制断面共计6个，分别为：京杭运河的蔺家坝、张楼，复新河的沙庄桥，沿河的李集桥，房亭河的单集闸及徐沙河的沙集西闸。2018年6个控制断面均能达到各自功能区划的要求，全年6个断面达标率为100%。影响水质的主要污染物为总磷、化学需氧量、氨氮、五日生化需氧量、高锰酸盐指数。

4. 主要出入境水体

2018年，徐州市入境断面水质达标率为66.7%，出境断面达标率为100%。南水北调3个断面全部达标。

6.1.2 黑臭水体分布

根据《徐州市市区黑臭水体治理规划》《徐州市区黑臭水体整治实施方案》前期调研，徐州市区黑臭河道及沿河排放口统计见表6.1.1。

表6.1.1 徐州市区黑臭河道及沿河排放口汇总表 单位：个

辖区	黑臭河道数量	排放口数量	排污口总数量	生活污水排放口数量	企业污水排放口数量	合流管道溢流排口数量	其他排放口数量
鼓楼区	11	143	107	97	0	10	36
泉山区	21	231	183	177	6	0	48
云龙区	21	57	53	17	36	0	4
铜山区	15	247	196	133	30	33	51
开发区	5	12	3	0	3	0	9
合计	73	690	542	424	75	43	148

根据国务院下发的《水污染防治行动计划》，经全面排查核实，徐州市区共有56条沟河列入黑臭水体，其中列入住房和城乡建设部公布治理计划33条，按照“两岸截污、两端贯通、河内清洁、河岸景美”的标准要求进行治理，截至2018年年底，徐州市已基本完成黑臭河道整治。为加强治理后长效管理，2018年市政府出台了《徐州市城区黑臭河道整治后长效管理办法》(徐政办发[2018]10号)，通过对城市黑臭水体实施长效管理，逐步提高河道精细化管理水平，巩固黑臭河

道治理成果。

6.1.3 排污口分布

经排查，建成区主要河道丁万河、故黄河、荆马河、徐运新河、奎河、玉带河、王窑河、军民河、三八河、老房亭河、房亭河、楚河、玉泉河、藕河、焦山河等排污口门共 1 062 处。2016 年徐州市水务局实施《徐州市市区河道截污完善(堵漏)工程》，对荆马河、奎河等 7 处在排污口门进行了治理。2018 年实施了《三八河水环境治理应急工程》，治理排污口门 8 处；实施《老房亭河上游段综合整治工程》，治理排污口门 12 处；实施《故黄河汉桥到铁路桥综合整治工程》《故黄河铁路桥到李庄闸综合整治工程》，对故黄河汉桥至李庄闸段共 27 处排污口门进行了治理。通过系列工程的实施，市区主要河道直排污水口得到有效治理。目前直排污水口集中在城中村区域，主要有子房河子房闸以上段、三八河乔家湖段、荆马河陶楼社区段、故黄河李庄闸以下段、故黄河丁楼闸以上段、拾屯河拾西村排污口、拾屯河张小楼排污口。

6.1.4 水源地分布

根据《江苏省县级以上集中式饮用水水源地保护区划分方案》，徐州市地表水水源地主要分布在南水北调输水干线京杭运河、徐洪河及微山湖、骆马湖两个调节水库和大沙河华山闸上段。主要为沛县南四湖徐庄水源地、丰县大沙河草庙水源地、徐州市南四湖小沿河水源地、睢宁县庆安水库水源地、徐州市骆马湖窑湾水源地、新沂市骆马湖新庙水源地。

2018 年，徐州市在用集中式饮用水水源地水质达标率达到 100%，无环境安全事故。其中地表水水源地南四湖小沿河水源地、骆马湖窑湾水源地水质稳定，达到地表水Ⅲ类标准的要求，地下水应急备用饮用水源地丁楼、张集水质稳定，达到地下水Ⅲ类标准的要求。

6.2 城市污水处理系统建设和运行情况

6.2.1 排水体制

近年来，新建排水管网采用雨污分流制，老城区排水管网为合流式截流制，详见图 6.2.1。建成区总面积 271.3 km^2，合流制区域 120 km^2。

徐州市区按照污水收集系统分为奎河污水收集系统、三八河污水收集系统、西区污水收集系统、丁万河污水收集系统、荆马河污水收集系统、新城区污水收

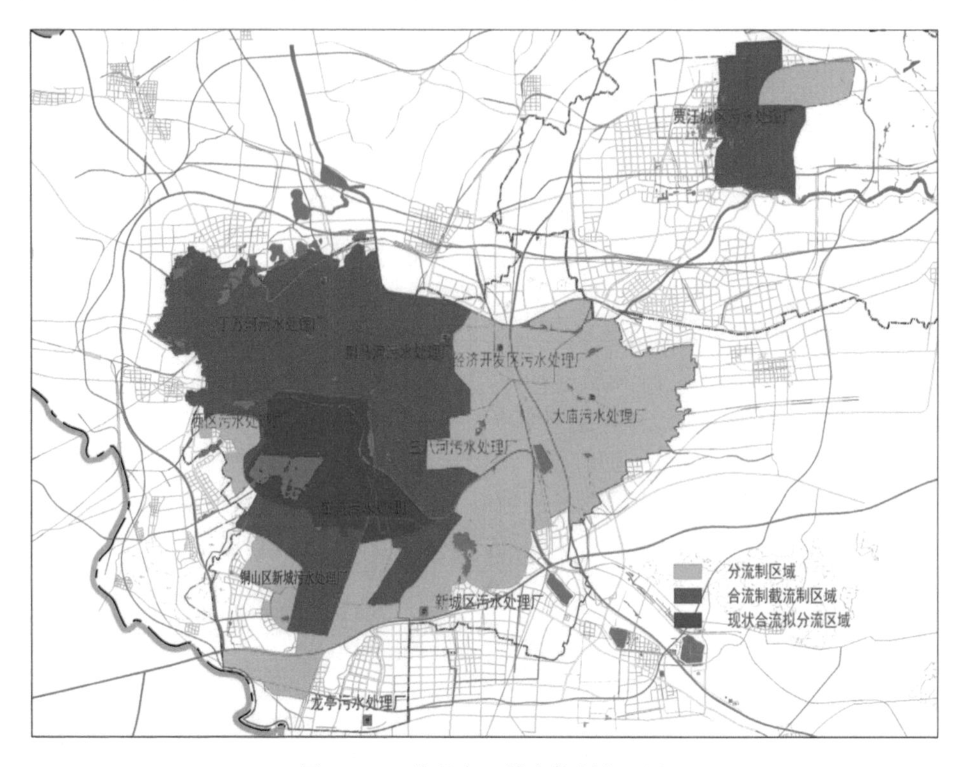

图 6.2.1　徐州市区排水体制分区图

集系统、龙亭污水收集系统、经济开发区污水收集系统、大庙污水收集系统、铜山区新城污水收集系统和贾汪城区污水收集系统等 11 个主要收集系统(图 6.2.2)。

奎河污水收集系统收集徐州市老城区内污水。老城区现有排水体制采用截流式雨污合流制,近几年新建区域(小区等)和新建或改造道路采用雨污分流制。徐州市目前已启动徐州市区奎河水环境综合整治提升工程,计划分片区对奎河污水收集系统进行雨污分流,共分 17 个片区:黄河北片区、坝子街东片区、黄河南片区、八一大沟片区、老城区北片区、黄河东片区、溢洪道北片区、溢洪道南片区、玉带河北片区、军民河北片区、金山大沟片区、塔东大沟片区、泰奎大沟片区、翟山大沟片区、七里沟片区、黄河西片区和姚庄大沟片区,汇水区总面积 47.31 km^2(扣除云龙湖片区面积)。

三八河污水收集系统主要收集老城区和新建区域内的污水。老城区内现有排水体制为截流式雨污合流制;新建区域采用雨污分流制。

西区、丁万河污水收集系统收集已建区域和新建区域内的污水。已建区域的排水体制为截流式雨污合流制;新建区域采用雨污分流制。

荆马河污水收集区内,排水体制为雨污合流制。近几年在城市改造过程中,

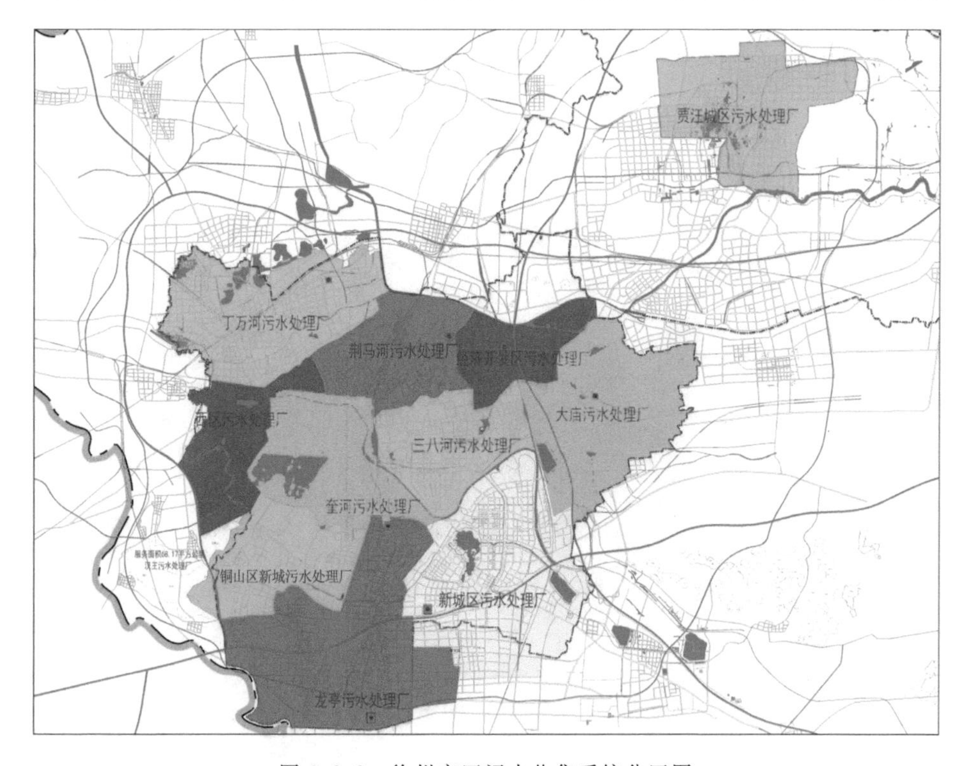

图 6.2.2　徐州市区污水收集系统分区图

在局部小区域内实现雨污分流，建成单独的污水支管。

新城区、龙亭、经济开发区、大庙的排水体制均采用雨污分流制。

铜山区新城污水收集系统收集新建改造区域和原有未改造区域的污水。新建改造区域的排水体制为雨污分流制；尚未改造区域的排水体制为雨污合流制。

贾汪城区现有排水系统主要为合流制，新建区域排水体制为雨污分流制。

6.2.2　管网情况

1. 管网现状情况

徐州市区污水及合流主干支管网总长约 1 535.96 km，其中污水管网 898.61 km，合流管网 637.35 km，管网密度约 4.5 km/km^2（江苏平均 9.5 km/km^2）。各污水处理厂片区管网分布如图 6.2.3 所示。

（1）荆马河污水处理厂

荆马河污水处理厂服务范围为徐运新河汇水区和荆马河汇水区，污水干管长 15.8 km，合流管长 170.5 km。

① 徐运新河汇水区

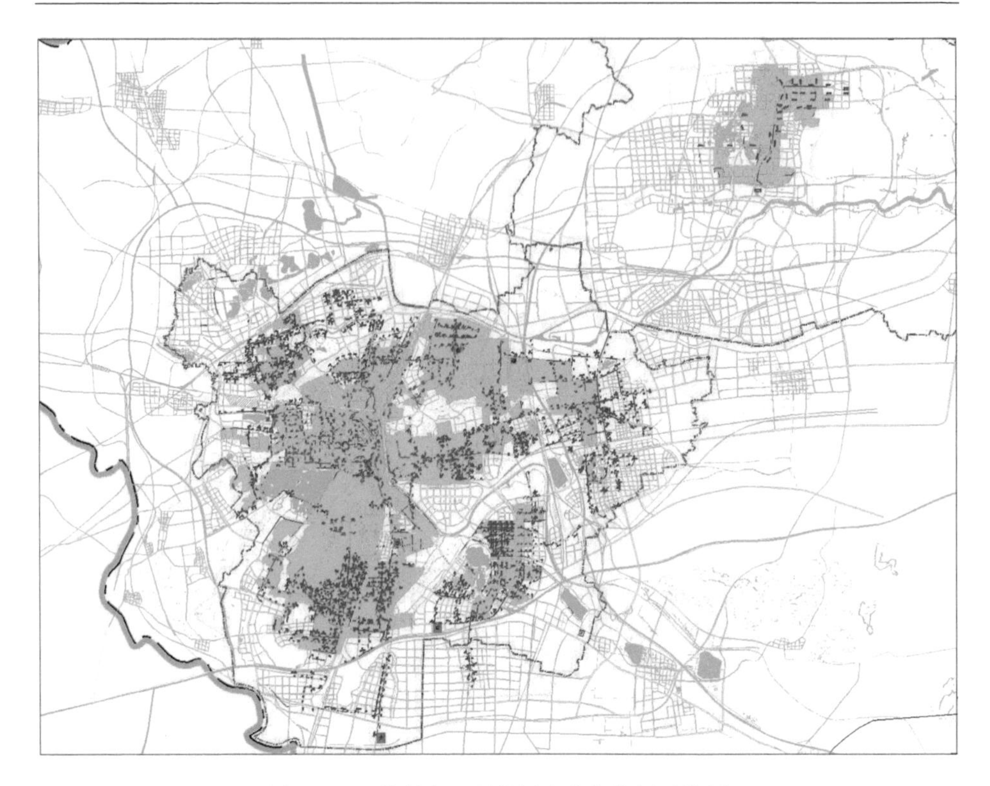

图 6.2.3　徐州市区现状污水收集管网系统图

污水收集系统现状：沿马场大沟南岸（DN800）、徐运新河东岸（DN1500）、荆马河南岸（DN500～DN1500）、煤港路西侧（DN1000）敷设有污水主干管，全长 10.6 km，其余污水处理厂配套管网均利用现有合流制管网，合流制管网全长 86 km。其中利用现有雨水骨干排水通道作为污水主干管的有二坝窝大沟、马场一支沟、马场二支沟、马场三支沟、煤港路边沟、环城干管、烟厂干管、中山北路西干沟、中山北路东干沟、闸口东街干沟、朱庄大沟、华祖庙东路干沟、闸口西街干沟、华祖庙路干沟等 14 条，全长共 14.4 km。

② 荆马河汇水区

污水收集系统现状：沿子房河东岸（DN1000）、荆山路（DN1500～DN2000）敷设有污水主干管，全长 5.2 km，其余均利用现有合流制管网收集污水，合流制管网全长 84.5 km，其中骨干排水通道有三环东路边沟、下淀大沟、下淀路干沟、大庆路干沟、响山北路干沟、白云西路干沟、杨石大沟等 7 条，全长 12 km。

(2) 三八河污水处理厂

污水收集系统现状：仅老房亭河北岸、庆丰路、云苑路、和平大道北侧、民祥园路、庆丰路、民富路等敷设有污水主干管，全长 15 km，其余污水处理厂配套管网均利用合流制管网，合流制管网全长 32 km，其中骨干排水通道有店子西沟、店子中沟、店子东沟、汉源大道边沟、金狮大沟、和平路干沟、铜山路干沟、三环东路边沟、郭庄路干沟、黄山大沟等 10 条，全长 16.9 km。

(3) 奎河污水处理厂

奎河污水处理厂服务老城区、奎河干河西部、奎河干河东部等 3 个片区，污水干管长 21.5 km，合流管长 169 km。

① 老城汇水区

污水收集系统现状：仅沿奎河干河外围、八一大沟北岸、溢洪道北岸和故黄河两岸敷设有污水主干管（全长 12 km），其余污水处理厂配套管网均利用现有合流制管网，合流制管网全长 169 km。其中骨干排水通道 24 条，全长 24.9 km。

② 奎河干河西汇水区

污水收集系统现状：奎河东侧敷设有污水主干管（长 2.7 km），奎河西侧（溢洪道——泰奎大沟）敷设有污水支管，于泰奎大沟北侧过河，接入奎河东侧现有主干管，其余污水处理厂配套管网均利用合流制管网。其中利用现有暗化河道和骨干排水通道作为污水通道的有泰奎大沟、翟山大沟、十里堡大沟等 3 条支流和解放南路干沟、泰山路干沟等 2 条骨干排水通道。

③ 奎河干河东汇水区

污水收集系统现状：梨园路、南三环及奎河东侧敷设有污水主干管，全长 6.8 km，其余污水处理厂配套管网均利用合流制管网。其中利用现有暗化河道和骨干排水通道作为污水通道的有姚庄大沟、七里沟等 2 条支流和新泉路干沟、果品市场大沟等 2 条骨干排水通道。

(4) 新城区污水处理厂

新城区污水处理厂现状：配套管网长 104.9 km，均为分流制。顺堤河以北区域排水管网较完善，顺堤河以南区域排水管网不完善。

人民河以西区域现状：污水管网沿黄河路（DN500～DN800）、经 16 路（DN800～DN1000）、汉源大道（DN1800）敷设主干管，进入新城区污水处理厂。

人民河以东、韩河及琅河以西区域现状：污水管网沿汉风路（DN500～DN1000）、汉源大道（DN1500～DN1800）敷设主干管。

韩河及琅河以东区域现状：污水管网沿昆仑大道（DN600～DN800）、金沙路（DN800）、新元大道（DN600～DN1200）敷设主干管，接入汉源大道现有 DN1500 污水主干管，最终进入新城区污水处理厂。

(5) 龙亭污水处理厂

龙亭污水处理厂服务范围为城市规划区。现状：配套管网总长 98.58 km，管网不完善。污水主干管主要转输奎河污水处理厂及铜山区新城污水处理厂超负荷污水。其中，奎河污水处理厂超负荷污水经1#污水泵站提升，沿奎河东侧(DN900压力管、DN800～DN1000)，于高速公路北侧，经3#泵站提升后，沿长安路(DN1800～DN2000)进入龙亭污水处理厂。铜山区新城污水处理厂超负荷污水经4#污水泵站提升，沿珠江路(DN800压力管)接入奎河东侧现有DN1800污水主干管，进入龙亭污水处理厂。

此外，三堡镇西侧现状：设有DN600污水干管，经6#泵站提升后，沿环城快速通道向东接入长安路DN1800污水总干管。

(6) 西区污水处理厂

西区污水处理厂服务范围为故黄河南、故黄河北、桃花源大沟、王窑河及玉带河5个汇水区，污水管长23.4 km，合流管长26.2 km。

① 故黄河南汇水区

污水收集系统现状：故黄河南汇水区为矿山路以北、矿山东路以西、黄河以南及三环西路以东地块，仅故黄河南岸敷设有污水主干管，长度1.5 km，其余污水处理厂配套管网均利用现有合流制管网，合流制管网全长12.5 km，其中骨干排水通道4条(小山子大沟、西苑中路干沟、水漫桥路干沟及矿山路大沟等)，全长5.5 km。

② 故黄河北汇水区

污水收集系统现状：故黄河北片区为故黄河以北、西安北路以西、九里山以南地块，沿黄河北路、大彭路、铜沛路敷设有污水主干管，长度10.7 km，其余污水处理厂配套管网均利用现有合流制管网，合流制管网全长13.7 km，其中骨干排水通道5条(闫窝大沟、书香华府路干沟、沈场大沟、西安北路干沟及二环北路干沟等)，全长2.6 km。

③ 桃花源大沟汇水区

污水收集系统现状：仅徐商路敷设有污水主干管，该片区主要为拆建区，规划沿路网新建污水管网。

④ 王窑河汇水区

污水收集系统现状：王窑河西起泉润湿地，东至云龙湖，全长3.3 km，其主要功能是泉润湿地的溢洪道和汇水区内排涝河道。仅王窑河西岸及三环西路敷设有污水主干管，其余污水处理厂配套管网均利用现有合流制管网。因片区内排水管网不完善，王窑河沿线排口存在污水入河现象，导致王窑河入云龙湖处水质常年属劣Ⅴ类，影响云龙湖水质。

⑤ 玉带河汇水区

污水收集系统现状：沿玉带大道西侧及玉带河下游两岸敷设有污水管网。

该片区主要为待建区，规划沿黄河西路（DN500）、孤山北路（DN500）等路网新建污水管网，近期临时接入玉带大道污水管网。

（7）丁万河污水处理厂

丁万河污水处理厂现状：配套管网总长 61.5 km，管网不完善。

丁万河以南区域现状：污水管网沿丁万河南岸（DN600～DN1000）敷设有主干管，经 1 号泵站提升后，沿山水东路（DN1000）接入三环北路现有 DN1200 污水主干管。

丁万河以北至铁路区域现状：污水管网沿时代大道（DN800）、徐丰路（DN800）、三环北路（DN800～DN1200）、马洪路（DN1200）、华润路（DN800）、育才东路（DN1000）、经十三路（DN1000）敷设有主干管，进入丁万河污水处理厂。

（8）铜山区新城污水处理厂

铜山区新城污水处理厂主要服务铜山新区，排水体制为分流制。现状：配套污水管网总长 85.1 km，建成区内排水管网比较完善。由于污水处理厂规模过小（2 万吨/日），超负荷污水由龙亭污水处理厂分担。

污水收集系统现状：污水管网沿新茶路（DN800）、珠江路（DN500）、华山路（DN600）、彭祖大道（DN1000）、湘江路（DN800）、北京路（DN600～DN800）敷设有主干管，由牛山路与彭祖路交口进入铜山区新城污水处理厂。超负荷污水沿牛山路向南，经 4＃污水泵站提升后，通过珠江路铁路下穿，向东分流至龙亭污水处理厂。

（9）经济开发区污水处理厂

经济开发区污水处理厂现状：配套管网长 43.90 km，排水管网均为分流制，建成区内管网较为完善。

荆山引河以西区域现状：污水管网沿振兴大道（DN600～DN800）、荆山路（DN1000）敷设有主干管。

荆山引河以东区域现状：污水管网沿杨山路（DN600）、永宁路（DN600）、荆山路（DN600～DN1000）敷设有主干管。

（10）大庙污水处理厂

大庙污水处理厂现状：配套管网长 79.70 km，排水管网为分流制。建成区占比较小，大部分区域为规划区，建成区内污水管网较为完善。

陇海铁路以南区域现状：污水管网沿高新路（DN500）、彭祖大道（DN600～DN800）敷设主干管，由于无过铁路通道，铁路以南区域污水暂不能进入大庙污水处理厂。

陇海铁路以北区域现状：污水管网沿创业路（DN600）、大张路（DN600～DN800）、徐贾快速路（DN600～DN1000）敷设主干管，于房亭河北侧进入大庙污水处理厂。

(11) 贾汪城区污水处理厂

城区现有污水管道 57.62 km,多集中在新城区。而老城区排水系统多为雨水合流系统,且为砖石沟及水泥管道混接,造成经常堵塞、排水不畅、汛期城区局部地区经常严重积水。已建成的城市截污管网东线、西线、贾柳线全长 16.9 km。

2. 管网检测情况

徐州市区于 20 世纪 80 年代末开始建设截污管道,第一批管道如故黄河、奎河截污管使用已达 30 年,管道腐蚀、渗漏、破裂严重。2014 年故黄河截污管青年路南段因渗漏造成地面坍塌,徐州市水务局引进翻转内衬修复技术对其进行了维修,由此开始,徐州市区每年均投入一定资金对出现问题的排水管道进行维修,累计投资近亿元,共计检测管网 169.53 km(其中污水、合流管网 140.66 km,占管网总长度 9.2%)。

3. 管网维护养护情况

徐州市主城区市政排水管网养护按照属地划分,铜山区范围内排水管网由铜山区水务局负责维护养护,经济开发区范围内排水管网由经济开发区水务处负责,贾汪区范围内排水管网由贾汪区水务局负责,其余基本按照道路管辖范围划分,由徐州市水务局或区水务部门维护养护。目前新城区、经济开发区排水管网已实现市场化养护。

市政管网维修养护主要内容为:

(1) 巡查内容:发现损毁的排水设施及时报修;按照排水相关法律、法规,及时发现并制止违法行为;配合管理部门做好其他相关排水设施管理工作,巡查次数为一天两次。

(2) 清淤内容:清挖排水检查井、收水井;疏通收水井连接管。

(3) 防汛内容:降雨时及时到达(半小时内)责任路段;清理收水井堵塞物,排除路面积水,积水完全消退后方可离开;做好安全巡查工作;处理好其他防汛应急事件。

(4) 抢修内容:做好排水检查井、收水井井盖补盖及更换等工作。

居民小区、公共建筑和企事业单位内部管网目前由各单位自行养护。

6.2.3 污水处理厂运行情况

1. 现状概述

截至 2018 年年底,徐州市区(含贾汪区)建成并投入运营的污水处理厂共 11 座,总处理能力 68.5×10^4 t/d。

从近三年(2016—2018 年)的运行数据来看(表 6.2.1),徐州市区污水量持续增加，2016 年进水总量 59.12×10^4 t/d，2017 年 62.65×10^4 t/d，2018 年 67.60×10^4 t/d。至 2018 年，奎河污水处理厂、龙亭污水处理厂、三八河污水处理厂、新城区污水处理厂、西区污水处理厂、荆马河污水处理厂、铜山区新城污水处理厂、经济开发区污水处理厂、贾汪城区污水处理厂等 9 座污水处理厂负荷率超过 80%，其中奎河污水处理厂、龙亭污水处理厂、三八河污水处理厂、新城区污水处理厂、荆马河污水处理厂等 5 座污水处理厂满负荷运行，具体数据见图 6.2.4。

表 6.2.1　徐州市区污水处理厂运行情况一览表(2018 年数据)

序号	污水处理厂	主要处理工艺	现状规模/(10^4 t/d)	现状处理量/(10^4 t/d)	负荷率
1	丁万河污水处理厂	改良 A^2/O+高效混凝沉淀+转盘过滤+紫外消毒	2	1.00	50.00%
2	西区污水处理厂	A^2/O+转盘过滤+紫外消毒	2	1.69	84.50%
3	奎河污水处理厂	初沉+改良型 A^2/O +紫外消毒	16.5	17.24	104.48%
4	龙亭污水处理厂	A^2/O +混凝沉淀+转盘过滤+紫外消毒	9	9.36	104.00%
5	荆马河污水处理厂	改良型 A^2/O +转盘过滤+紫外消毒	15	16.72	111.47%
6	三八河污水处理厂	一期：改良 A^2/O +接触过滤池+紫外消毒 二期：倒置 A^2/O+缺氧+生物浮动床+接触过滤池+紫外消毒	7	7.38	105.43%
7	新城区污水处理厂	A^2/O 生物循环曝气池+活性砂过滤+紫外消毒	2.5	2.72	108.80%
8	铜山区新城污水处理厂	A^2O+接触过滤+紫外消毒	2	1.95	97.50%
9	经济开发区污水处理厂	水解酸化+A^2/O +混凝沉淀+沙滤+紫外消毒	4.5	3.93	87.33%
10	大庙污水处理厂	水解酸化+UCT+高效混凝沉淀+转盘过滤+紫外消毒	3	1.38	46.00%
11	贾汪城区污水处理厂	A_2O+接触过滤+紫外消毒	5.0	4.23	84.60%
合　计			68.5	67.60	

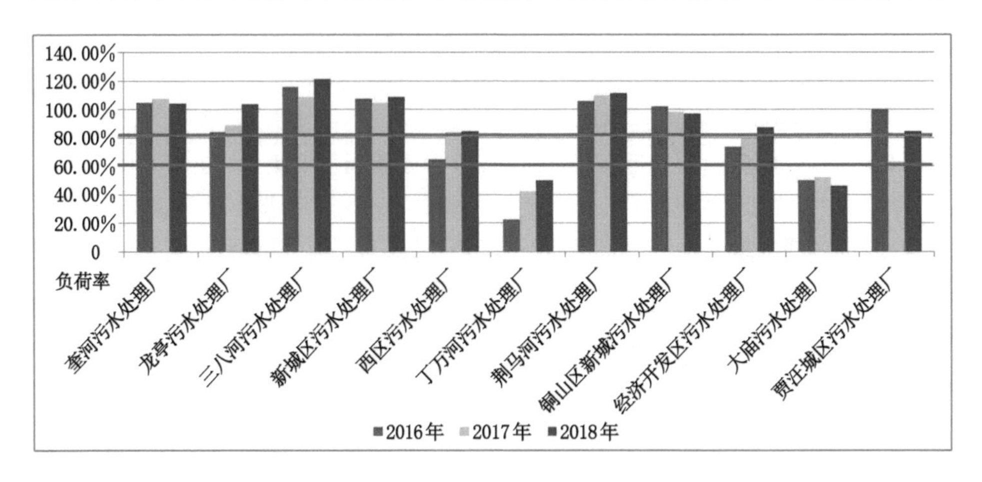

图 6.2.4　徐州市区各污水处理厂负荷率分析表

2. 进水水质

从近三年的数据来看(图 6.2.5),徐州市区建成并投入运营的 11 座污水处理厂进水浓度整体偏低。由于管网渗漏、施工降排水入网及河水倒灌等,市区污水处理厂进水浓度整体呈逐年下降的趋势,2016 年平均 BOD 进水浓度 78.53 mg/L,2017 年 71.61 mg/L,2018 年 69.66 mg/L。

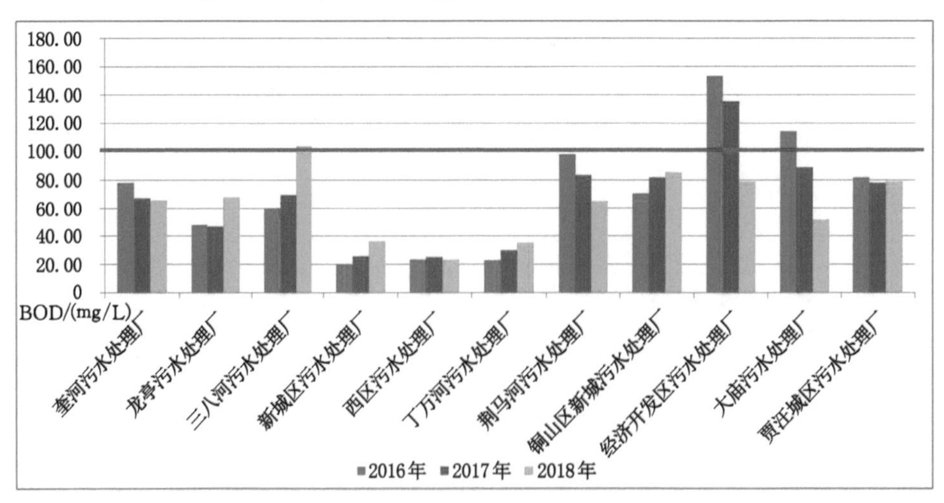

图 6.2.5　徐州市区各污水处理厂进水水质情况分析表

从各厂进水浓度来看,市区 11 座污水处理厂中只有三八河污水处理厂进水 BOD 浓度基本达到 100 mg/L。服务老城区的奎河、荆马河、龙亭 3 座厂,以及铜山区新城污水处理厂、经济开发区污水处理厂、大庙污水处理厂、贾汪城区污水处理厂 BOD 浓度在 50～80 mg/L，城区周边的丁万河、西区、新城区 3 座污水处理厂进水 BOD 浓度在 30 mg/L 左右。

荆马河污水处理厂、经济开发区污水处理厂、大庙污水处理厂等 3 座工业污水处理量较大的污水厂进水浓度呈明显下降趋势；龙亭污水处理厂、新城区污水处理厂、丁万河污水处理厂、铜山区新城污水处理厂进水浓度呈逐年上升趋势。

(1) 荆马河污水处理厂

随着工业污水接入量增加及环保力度加大，荆马河污水处理厂进水水质逐年下降，进水平均 BOD 浓度由 2015 年的 120 mg/L 降低至 2019 年的 64.75 mg/L。

荆马河污水处理厂自 2015 年以来一直处于超负荷运行状态，且负荷率逐年增加，由 2015 年初的 105%增加至目前的 115%。目前已启动荆马河三期工程，扩建规模 5×10^4 t/d。

(2) 三八河污水处理厂

三八河污水处理厂目前处于超负荷运行状态，设计规模 7×10^4 t/d，目前实际处理量 7.45×10^4 t/d。由于处理能力不足，三八河污水处理厂配套管网高水位运行，时常发生污水溢流入河，对三八河、老房亭河水质造成严重污染。

得益于服务范围内较为完善的管网系统以及较好的管道质量，加之工业企业较少，三八河污水处理厂进水浓度为徐州市区 11 座污水处理厂中最高。2014—2017 年由于地铁一号线建设，大量施工降水进入污水管网，进水 BOD 浓度由 100 mg/L 降至 50 mg/L 左右，地铁施工结束后浓度回升，2018 年进水平均 BOD 浓度约 104.09 mg/L。

(3) 奎河污水处理厂

奎河污水处理厂进水 BOD 浓度在 2014 年 7 月份之前基本在 100 mg/L 以上。2014 年徐州地铁一号线开工，2016 年地铁二、三号线开工，随着施工降水入管网量的增加，奎河进水厂浓度逐渐下降，2018 年进水平均 BOD 浓度 65.47 mg/L。

奎河污水处理厂现状规模 16.5×10^4 t/d，一直处于满负荷运行状态，多余水量经欣欣路泵站提升，转输至龙亭污水处理厂处理。

(4) 新城区污水处理厂

随着新城区入住人口增加，新城区污水处理厂进水水质近年来缓慢上升，但依然严重偏低，2018 年进水平均 BOD 浓度 36.52 mg/L，远低于污水处理厂进水 BOD 浓度设计值 150 mg/L，同样低于管网相对完善、渗漏率较低的三八河污水处理厂。

新城区污水处理厂自 2015 年以来一直处于满负荷运行状态，管道渗入量及施工降水排入量较大。

根据徐州建邦环境水务公司检测，新城区污水处理厂各方向来水水质情况如下：一是市政府方向来水，BOD浓度为30 mg/L；二是徐州工程学院方向来水，BOD浓度为51 mg/L；三是惠民小区方向来水，BOD浓度为45 mg/L；四是棠张方向来水，未取样。人民河前BOD浓度为47 mg/L，人民河后BOD浓度为38 mg/L，人民河河水BOD浓度为20 mg/L。根据水质检测及过河管检测结果初步分析，市政府方向由于汉风路顺堤河过河管脱节、渗漏严重，加之该区域施工工地较多，大量施工降排水进入，造成水质浓度较低；过人民河后污水浓度下降明显，且人民河水质浓度较高，存在人民河管网漏水及河道与管网贯通可能。

(5) 西区污水处理厂

西区污水处理厂为徐州市区进水浓度最低的污水厂之一，西区污水处理厂服务范围内常住人口较少，2014年之前主要受抽排王窑河河水影响，2014年后主要受施工降水及管网渗漏影响。2018年进水平均BOD浓度为23.75 mg/L。

西区污水处理厂进水量一直处于缓慢增长中。2015以前西区污水处理厂所服务的三环西路以西区域主要为棚户区，人口密度低，大量污水进入河道，西区污水处理厂水源大部分来自三环西路2#泵站抽王窑河河水。随着西部新城拆迁建设启动，新建小区相继开工，施工降水量不断增加，西区污水处理厂进水量随之增加，负荷率由2015年初的40%左右增加至2018年的84.5%，管道渗入量及施工降水排入量较大。

根据徐州建邦环境水务公司检测，西区污水处理厂各方向来水水质情况如下：一是黄河北岸方向来水，污水来源主要包括江苏省徐州技师学院和铜山货场，BOD浓度为24 mg/L；二是雨润方向来水，BOD浓度为30 mg/L；三是王窑河泵站方向来水，主要包括王窑河沿线管网、王窑河河水和玉带河泵站污水，BOD浓度为11 mg/L；四是小山子大沟污水，BOD浓度为40 mg/L，水量较大。根据水质检测及管网检测成果初步分析，黄河北岸方向可能受桃花源大沟过河污水管及黄河北岸污水管道渗漏影响，此外苏山河换水时，河水进入污水管道，造成该方向水质浓度较低；雨润方向主要受雨润物流园来水影响；为保护云龙湖水质，王窑河泵站将河水抽入污水管网，造成王窑河泵站方向来水水质浓度极低。

(6) 丁万河污水处理厂

由于管网渗漏、工业废水进入等，丁万河进水水质浓度严重偏低，2018年进水平均BOD浓度在35.36 mg/L。

2017年以前，丁万河污水处理厂负荷率严重偏低，不足30%；2017年，随着黑臭河道整治项目实施，沿河建设截污管道，污水收集率有所增加，负荷率达到40%以上；2019年5月，徐丰公路污水提升泵站投入运行，负荷率达到80%。

根据徐州建邦环境水务公司检测，丁万河污水处理厂各方向来水水质情况如下：一是天齐路泵站方向来水，主要收集徐州工业职业技术学院、万科城生活污水，BOD浓度为38 mg/L；二是三环北路泵站方向来水，BOD浓度为31 mg/L，主要收集徐州市聋哑学校和泉山经济开发区污废水，其中泉山经济开发区徐丰路泵站BOD浓度为20 mg/L；三是华润路方向来水，由于地铁施工无法进行取样，根据以往的检测结果判断，该方向来水BOD浓度低于30 mg/L。根据水质检测及管网检测结果初步分析，天齐路泵站上游片区主要为居住区，但由于丁楼河过河管、沿丁万河南岸污水主管道渗漏较为严重，造成污水浓度较低；泉山经济开发区、华润路周边主要为工业企业，污水浓度较低。

(7) 龙亭污水处理厂

龙亭污水处理厂一期2010年年底投产，规模4.5×10^4 t/d；二期一阶段2014年年中投入运行，规模2.5×10^4 t/d；二期二阶段2017年3月投入运行，规模2.5×10^4 t/d。龙亭污水处理厂目前总处理规模9×10^4 t/d，已满负荷运行。

在二期二阶段投入运行之前，龙亭污水处理厂进水BOD浓度在50 mg/L左右，二期二阶段投入运行后，大量浓度较高的市区生活污水转输而来，龙亭污水处理厂进水水质大幅提升，2018年进水平均BOD浓度67.46 mg/L。

根据徐州建邦环境水务公司检测，龙亭污水处理厂各方向来水水质情况如下：一是1号泵站欣欣路方向来水，主要收集市区污水，BOD浓度为48 mg/L；二是4号泵站铜山区方向来水，BOD浓度为65 mg/L；三是3号泵站提升的污水，主要包括2号和5号泵站铜山经济开发区片区污水，BOD浓度为22 mg/L；四是6号泵站方向来水，主要收集铜山区三堡镇生活污水，BOD浓度为44 mg/L；五是3号泵站至龙亭污水处理厂之间接入的企业废水，主要有长安路沿线食品加工厂和玉米淀粉废水，来水情况复杂不具备取样条件，没有进行检测。

(8) 铜山区新城污水处理厂

随着污水管网的完善以及服务范围内常住人口的增加，铜山区新城污水处理厂进水浓度逐年增加，进水平均BOD浓度由2014年的71.6 mg/L增加至2018年的85.5 mg/L。

铜山区新城污水处理厂一直处于满负荷运行状态，多余水量经龙亭4#污水提升泵站提升至龙亭污水处理厂处理。

(9) 经济开发区污水处理厂

经济开发区污水处理厂进水以纺织、酿造、多晶硅等工业废水为主，进水BOD浓度变化幅度大。近年来，随着环境治理力度加大以及企业废水处理设施的运行，经济开发区污水处理厂进水浓度逐年降低，进水平均BOD浓度由2014年的159 mg/L降低至2018年的78.90 mg/L。

经济开发区污水处理厂进水量近年来稳步增长，负荷率由2014年的65%增加至目前的92%，高峰期满负荷运行。

(10) 大庙污水处理厂

大庙污水处理厂进水以工业废水为主，2017年以前水质波动较大，2017年后随着企业污水排放逐渐规范化，进水水质趋稳，并逐年下降，2018年进水平均BOD浓度52.05 mg/L。

大庙污水处理厂进水量呈逐年下降趋势，负荷率由2014年的50%降低至2018年的46%。

(11) 贾汪城区污水处理厂

贾汪城区污水处理厂进水水质较为稳定，2018年进水平均BOD浓度为79 mg/L。

贾汪城区污水处理厂一期2006年建成投入运行，规模2×10^4 t/d，2015年已满负荷运行；二期规模3×10^4 t/d，于2017年年中投入运行，2018年负荷率为84.6%。

3. 运行效果

徐州市区11座污水处理厂出水水质均达到《城镇污水处理厂污染物排放标准》一级A标准，但由于进水浓度普遍偏低(尤其是丁万河污水处理厂、西区污水处理厂及新城区污水处理厂，进水BOD浓度在30 mg/L左右)，碳源不足，致使生化系统的活性污泥无法正常生长，增加了污水处理难度及运行成本。

4. 运营模式

徐州市结合各区实际采用多样化的运营管理模式，目前主城区11座污水处理厂全部采用市场化运营模式，其中奎河、荆马河、三八河3座污水处理厂以BOT模式，分别由徐州国祯水务运营有限公司、徐州核瑞环保投资有限公司、徐州大众水务运营有限公司建设运营；新城区、西区、龙亭、丁万河4座污水处理厂以TOT模式，由徐州建邦环境水务有限公司(北控公司和新水公司股比为51∶49)运营；开发区、大庙污水处理厂以BOT模式，由徐州核新环保科技有限公司建设运营；铜山区新城污水处理厂以委托运营模式，由铜山县中持环保设施运营有限公司运营；贾汪城区污水处理厂以BOT模式，由徐州大众水务运营有限公司建设运营。

5. 监管情况

奎河、荆马河、三八河、新城区、西区、龙亭、丁万河7座污水处理厂由市水务局直管，具体由市供排水监测站负责日常监管，开发区、大庙污水处理厂由开发区水务处负责日常监管，铜山区新城污水处理厂由铜山区水务局负责日常监管，贾汪城市污水处理厂由贾汪区水务局负责日常监管。根据TOT或BOT协议、污水处理服务协议及《徐州市区污水处理厂运行监督管理办法》等，各监管部门对各污水处理厂实施监督管理。目前各污水处理厂运行状况良好，出水水质均达标排放。

6.2.4　污水提升泵站运行情况

1. 现状概述

至2018年年底，徐州市区共建设污水处理提升泵站21座（经济开发区污水处理厂、大庙污水处理厂、贾汪污水处理厂片区无污水提升泵站），具体位置见图6.2.6，具体规模见表6.2.2。

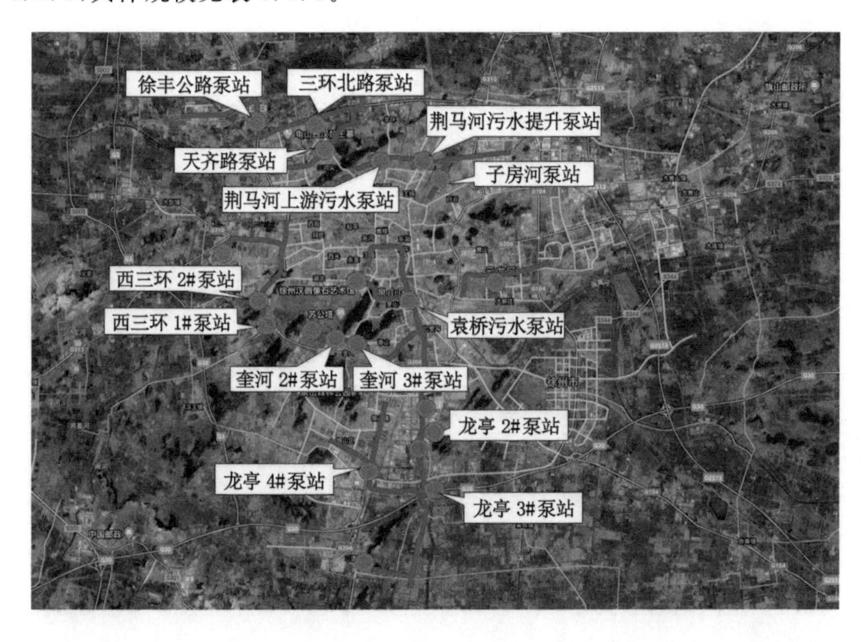

图6.2.6　徐州市区污水提升泵站工程位置示意图

表6.2.2　徐州市区污水处理厂现状污水提升泵站一览表

序号	泵站名称	位置	占地面积 /m^2	规模 /(10^4 t/d)
一、丁万河污水处理厂片区				
1	1#泵站	天齐路与丁万河交叉口西南角	1 400	3.24
2	2#泵站	天齐路与三环北路交叉口西南角	1 500	3.6
3	徐丰公路泵站	徐丰公路与时代大道交叉口西北角	1400	2.5

表 6.2.2(续)

序号	泵站名称	位置	占地面积/m^2	规模/(10^4 t/d)
二、西区污水处理厂片区				
1	西三环 1#泵站	西三环西侧玉带河北岸 50 m	1 200	2.3
2	西三环 2#泵站	西三环西侧开元四季小区北 100 m	1 400	3.3
3	雨润污水泵站	雨润小区污水泵站	1 000	1.6
三、奎河污水处理厂片区				
1	黄茅岗污水泵站	八一大沟与奎河交叉口西北侧	10	
2	袁桥污水泵站	黄河西路与溢洪道北路交叉口	16.32	
3	奎河 2#泵站	金山东路与金山南路交叉口东侧	2	
4	奎河 3#泵站	金山东路与泰山路交叉口西侧	2.5	
5	奎河 4#泵站	云龙湖中心南侧	0.5	
四、铜山区新城污水处理厂片区				
1	4#泵站	新城污水厂南边、楚河南岸	1 000	4
五、龙亭污水处理厂片区				
1	1#泵站	奎河与欣欣路交叉口东北角	1 700	6
2	2#泵站	康平路与奎河交叉口东南侧	1 200	2.44
3	3#泵站	奎河与高速北路交叉口东北侧,奎河大堤东侧	1 900	3.99
4	5#泵站	黄河路与长安路交叉口东北角	1 200	1.29
5	6#泵站	环城快速通道与铁路东沟交叉口东北侧	900	1.37
六、荆马河污水处理厂片区				
1	荆马河上游污水泵站	荆马河南路与徐运新河西路交叉口	1 200	2.6
2	荆马河污水提升泵站	金马路北侧	1 200	5
3	子房河污水泵站	驮蓝山南侧	1 200	2.3
七、三八河污水处理厂片区				
1	黄山大沟污水泵站	民祥园路与三八河交汇处		

2. 管理运行情况

徐州市主城区污水提升泵站按照属地管理原则，丁万河污水处理厂 1＃泵站、2＃泵站、徐丰公路泵站，西区污水处理厂西三环 1＃泵站、2＃泵站，奎河污水处理厂黄茅岗污水泵站、袁桥污水泵站，龙亭污水处理厂 1＃泵站，荆马河污水处理厂上游污水泵站、污水提升泵站、子房河污水泵站，三八河污水处理厂黄山大沟污水泵站等 12 座泵站由徐州市排水管网养护管理处负责管理运行；奎河 2＃、3＃、4＃泵站由徐州市云龙湖风景名胜区管理委员会负责管理运行；铜山区新城污水处理厂 4＃泵站由铜山区负责管理运行，龙亭污水处理厂 2＃、3＃、5＃、6＃由高新区管委会负责管理运行。上述 20 座泵站均安排专人值守，每年由市（区）财政安排专项资金进行运行维修养护，泵站运行良好。

雨润污水泵站为雨润物流园自建，由雨润农副产品市场负责管理运行。

6.2.5　尾水排放与利用

1. 尾水排放

徐州市主城区现状：污水处理厂尾水排放的接纳水体有故黄河水体、奎河水体；接纳通道为徐州市尾水导流通道，导流通道的尾水除沿途使用外，其余尾水入东海。

贾汪城区污水处理厂、贾汪工业污水处理厂尾水均排入屯头河；其余镇区污水处理厂尾水就近排入附近河沟。

2. 接纳的水体及通道

接纳的水体及通道见表 6.2.3。

① 故黄河水体接纳西区污水处理厂的尾水；

② 奎河水体接纳奎河污水处理厂、铜山区新城污水处理厂、新城区污水处理厂、龙亭污水处理厂 4 个污水处理厂的尾水；

③ 三八河污水处理厂、经济开发区污水处理厂、大庙污水处理厂尾水通过重力流管道直接输送至尾水导流通道；

④ 丁万河污水处理厂尾水就近排入刘楼大沟（徐州导流通道的一部分），经刘楼大沟汇入徐州尾水导流通道；

⑤ 荆马河污水处理厂尾水通过专用管道排入尾水导流通道。

⑥ 贾汪城区污水处理厂、贾汪工业污水处理厂尾水进入屯头河尾水通道。

表 6.2.3 污水处理厂尾水排放一览表

序号	污水处理厂名称	尾水排放标准	尾水排放出路
1	丁万河污水处理厂	《城镇污水处理厂污染物排放标准》一级 A 标准	尾水导流通道
2	西区污水处理厂		故黄河
3	奎河污水处理厂		奎河
4	铜山区新城污水处理厂		楚河、入奎河
5	龙亭污水处理厂		排入藕河、入奎河
6	荆马河污水处理厂		尾水导流通道
7	三八河污水处理厂		尾水导流通道
8	新城区污水处理厂		奎河
9	经济开发区污水处理厂		尾水导流通道
10	大庙污水处理厂		尾水导流通道
11	贾汪城区污水处理厂		尾水导流通道

3. 重力流管网的管径及输送规模

经济开发区污水处理厂尾水管径为 DN1000,输送尾水规模为 6×10^4 t/d;

三八河污水处理厂尾水管径为 DN1800,输送尾水规模为 12×10^4 t/d;

大庙污水处理厂尾水管径为 DN1000,输送尾水规模为 6×10^4 t/d。

6.2.6 再生水回用

再生水是一种水量稳定可靠的“非常规”水资源,其有效利用是缺水城市解决水资源不足的重要战略性对策。徐州市是严重缺水城市,针对水资源短缺的严峻形势,我市大力推动再生水资源的高效利用,目前市区再生水利用量达到 20×10^4 t/d 以上,再生水利用率达到 20%以上,主要用于工业、城市景观、道路洒水、小区绿化等。徐州市区目前有 5 座污水处理厂建设再生水利用设施。

奎河再生水利用工程与奎河污水处理厂合建,再生水利用的用途主要以河道景观用水为主,总设计处理能力 5×10^4 m^3/d,铺设了 7.4 km 输水管道,一期每天 3 万多吨中水补充城市景观用水,为改善奎河、溢洪道水体水质发挥了重要作用。

荆马河污水处理厂再生水利用工程设计规模 6×10^4 m^3/d,中水主要为江苏中能硅业科技发展有限公司及江苏协鑫硅材料科技发展有限公司使用。该工程于 2010 年 4 月开工建设,2011 年 6 月完工,工程总投资为 5 000 多万元。该工程由徐州金桥核兴再生水科技发展有限公司运行,目前每天中水量为$(5\sim6)\times10^4$ m^3。

三八河污水处理厂再生水利用工程设计规模 3×10^4 m^3/d,主要用于该小区绿化、景观用水。目前该设施运行状况良好,污水再生利用率15%。

丁万河再生水利用工程设计规模为 2×10^4 m^3/d,中水主要为徐州华润电力燃料公司使用。该工程于2011年3月开工建设,2012年3月完工,工程总投资为2 300万元。丁万河污水处理厂的中水全部供给徐州华润电力燃料公司,日均15 000 m^3,该厂由徐州市新水国有资产经营有限公司建设并运营管理。

龙亭再生水利用工程设计规模为 5×10^4 m^3/d,中水主要为徐州润新热力有限公司使用。该工程由徐州市新水国有资产经营有限公司投资建设,工程于2012年3月开工建设,2014年4月完工。

6.2.7　市区污泥处置点及建设情况

1. 污水处理厂污泥处置情况

近年来徐州市区(含铜山区、贾汪区、经开区)污水处理厂平均污泥产量近400 t/d(春季高峰期为600～800 t/d),市财政补贴处理费用为130～180元/t不等。目前徐州市区协同处置污泥单位共计7家,处置能力为950 t/d,分别为:徐州华润电力有限公司、徐州华鑫发电有限公司,处置能力各100 t/d;江苏阚山发电有限公司处置能力200 t/d;徐州建平环保热电有限公司、江苏久久水泥有限公司处置能力各100 t/d;江苏徐矿综合利用发电有限公司处置能力200 t/d;徐州市恒基伟业建材发展有限公司处置能力150 t/d。主要采用环保焚烧工艺。

2. 管网清淤污泥处理

徐州市区目前尚无统一市政管网清淤污泥处理设施及场地,管网清淤污泥主要以外运至农村洼地倾倒或混合于建筑渣土内一并填埋处置为主,对周边土地、水体造成二次污染。

6.2.8　行业管理

根据工作职责,徐州市水务局不断强化水务监管职能,壮大城市水务产业,提升市场运作水平,污水处理呈现服务产业化、运行市场化、管理集约化的良性发展趋势。

1. 管理机构设置

徐州市排水工作实行分级管理,其中市本级、铜山区、贾汪区、经济技术开发区已实行水务一体化,由各地水务局(处)管理;云龙区、鼓楼区、泉山区尚未实行水务一体化,管网管理由各区城管部门负责。

根据职责权限,徐州市水务局为徐州市污水处理行业主管部门,具体负责徐州市区污水处理规划、建设及管理工作,同时为全市的污水处理工作提供技术指导与监督管理工作。

徐州市水务局下设供排水监测站及排水管网养护管理处两大管理中心，分别对徐州市主城区7座污水处理厂、市管744 km管网及附属设施进行管理。

(1) 徐州市排水管网养护管理处

① 基本情况。2010年市政公用事业局撤销，市管排水设施管养职能连同管网养护单位、城市排水公司(原市政公用事业局2003年成立的国有企业，简称城排公司)一并移交徐州市水务局。徐州市水务局新成立排水管网养护管理处(正科级全额事业单位，简称养护处)具体实施市管排水设施管养工作，主要管理内容及职能为：市管744 km排水沟管清淤、维修及淤泥外运；4万余座窨井巡查、清淤、淤泥外运及井盖更换、维修；城区39座泵站及104孔截污闸(其中：排水处负责运维62孔)运行管理；城区防汛；排水设施行政执法；排水许可现场勘验等。

② 人员配备。养护处下设一大队、两所，现有在编人员95人，其中：管理及专业技术岗32人，工勤岗63人。另外，城排公司现有长期合同制工人157人。处机关设财务科、综合科、管养科、设备科四个科室。排水执法大队具体负责排水行政执法；管网所具体负责市管排水管网的巡查、清淤、维修及城区防汛；闸站所具体负责城区39座泵站及104孔截污闸的运行管理及垃圾清运。养护处多年来按惯例直接委托城排公司做好相关排水设施管养。

(2) 徐州市供排水监测站

负责对城市供水、排水设施及运行进行监管，对城市供水、排水水质进行监测。承担市区奎河、荆马河(一、二期)、三八河(一、二期)、新城区、西区、龙亭(一、二期)及丁万河等7座污水处理厂的日常监督管理工作，同时对焚烧市区污水处理厂产生污泥的徐州建平环保热电有限公司、江苏久久水泥有限公司等企业实施监管。

2. 制度建设

近年来，徐州市政府先后出台了一系列污水处理方面的规范性文件，逐步完善了污水处理系统的管理制度，推动了污水处理相关规划的实施。出台了《徐州市污水处理厂运行管理考核细则》《徐州市排水防涝管理工作考核办法》《徐州市区污水处理厂运行监督管理办法》《徐州市区排水管网清淤管护督查验收办法》《徐州市排水管网养护管理处制度汇编》等政府规范性文件。为进一步规范徐州市排水与污水处理工作，将排水与污水处理工作提上法律层面，2019年1月，《徐州市排水与污水处理条例》经江苏省第十三届人大常委会第七次会议讨论通过，于2019年3月正式施行。

3. 监督考核

城镇污水集中收集处理率是省、市高质量监测考核的重要指标，也是徐州市构建社会建设“十二大体系”“绿色徐州”的重点工作体系之一，各级政府高度重视，每季度按时上报考核，对存在的问题通报批评。

(1) 污水处理厂监管

根据徐州市水务局与各污水处理企业签订的特许经营协议和污水处理服务协议，以及《徐州市区污水处理厂运行监督管理办法》要求，徐州市供排水监测站对市区7座污水处理厂的生产运行状况、设备运行状态、进出水水质和水量开展在线监测和实验室监测及委派驻厂监管等方式进行监管，确保出水水质符合《城镇污水处理厂污染物排放标准》一级A标准，合格率不低于95%要求；同时对进出水水量进行连续测量、计算和记录，以实测出水量读数为准，并以此作为计费依据。

(2) 污泥处理处置监管

为确保污泥安全处置，徐州市供排水监测站实施污泥出厂、运输、进场和处理处置全过程监管。所有运输车辆实行专车专用，安装GPS定位，车身统一颜色、加装自动帆布遮盖，同时实现污水处理厂、污泥处理企业、环境监测、监管单位四联单制度。

4. 技术力量

近年来，为确保徐州市的污水处理工作取得成效，在市委、市政府的正确领导下，徐州市污水处理工作坚持规划先行，与各设计院所合作，先后编制完成了《主城区污水治理规划》(2014—2020)《南水北调沿线水污染防治规划》《徐州污泥处理处置实施方案》(2016—2017)《徐州市主城区近期再生水回用实施方案(2019—2021)(送审稿)》《徐州市主城区雨污分流规划》(2018—2025)等一系列行业规划，为有序推进我市的污水处理工作提供了科学依据。

遵循统筹规划、分步实施原则，按照国家、省、市相关规范要求，在技术、标准、规划、质量、安全等方面严格把关，选择技术力量强的设计、施工单位参建，对专项规划、实施方案、重点工程和技术难点进行专家论证。

5. 运营维护及资金保障

(1) 污水处理厂运营维护

徐州市区11座污水处理厂已全部实现市场化运营，政府与污水处理厂运营单位签订污水处理服务协议和特许经营协议，运营单位负责污水处理厂的定期和年度检查、日常运行维护、大修维护和年度维护；污水处理收集系统收集的污水经处理后，其质量应达到服务协议中规定的污水出水水质标准。政府根据污水处理和污泥处理处置设施正常运营成本，制定污水处理费标准，征收污水处理费，根据污水处理厂及污泥处置单位运营情况，向运营单位支付费用。

(2) 污水管网运营维护

徐州市及各区水务局(处)负责各自管理范围内污水管网的运营维护，其中经济开发区及新城区范围已采用市场化养护。排水管网清淤、维修，闸站运行电费、垃圾清运、维修费用以及人员工资均由市及各区财政拨付。

第7章　徐州市污水管网建设与修复

7.1　消除管网空白区

7.1.1　管网空白区现状

经排查，徐州市区范围内共存在12个管网空白区，分布情况如下：

1. 荆马河污水处理厂服务范围

荆马河污水处理厂服务范围主要为下淀村和陶楼村。

(1) 下淀村：位于白云山北、铁路十八宿舍南、津浦铁路东、广山路西，面积约6 km^2。该片区为棚户区，以生活污水为主，污水量约1 600 t/d，通过粮库铁路排水沟及下淀路排水沟汇入子房河子房闸上段。由于子房河子房闸上游段无截污管道，污水直排河道，水体黑臭。

按照规划，该片区主要为居住及商业用地，预计2030年污水量为 2.1×10^4 t/d。

(2) 陶楼村：位于驮蓝山路北、荆马河南、徐工集团工程机械股份有限公司东、驮蓝山汉文化遗址公园西，面积约0.28 km^2。该片为棚户区，共765户，以生活污水为主，污水量约250 t/d，排入荆马河。

按照规划，该片区主要为居住用地，预计2030年污水量为1 550 t/d。

2. 三八河污水处理厂服务范围

三八河污水处理厂服务范围主要为西店子村、乔家湖村、土山寺村等城中村。

(1) 西店子村：位于城东大道北、工程兵学院西、楚岳山庄东。该片区为棚户区，常住人口约500户，以生活污水为主，污水量约160 t/d，排入店子西沟。店子西沟向南入老房亭河口建有截污控制闸。

按照规划，该片区为居住用地，预计2030年污水量为1 000 t/d。

(2) 乔家湖村：位于和平大道南、民富大道北、汉源大道东、翠屏山西。该片区为棚户区，常住人口约2 059人，以生活污水为主，污水量220 t/d。村内污水除少部分进入和平大道污水管道外，其余排入三八河及一道中沟，对河道水体造成污染。

按照规划，该片区主要为居住用地，预计2030年污水量为3 100 t/d。

(3) 土山寺村：位于民富大道南、故黄河北、汉源大道东、翠屏山西。该片为棚户区，常住人口956户，3 896人，以生活污水为主，污水量420 t/d，排入一道中沟。

按照规划，该片区主要为居住用地，预计2030年污水量为2 700 t/d。

3. 西区污水处理厂服务范围

史庄村：位于雨润物流园东、泉润公园西北、新淮海西路南，面积0.54 km^2。该片为棚户区，常住人口5 409人，污水量580 t/d。该片区污水分两个方向排出，一是向北排入新淮海西路土明沟，向东进入王窑河；另一部分向南排入史庄大沟，进入泉润公园水体。

按照规划，该片区主要为居住、教育用地，预计2030年污水量为3 000 t/d。

4. 丁万河污水处理厂服务范围

丁万河污水处理厂服务范围主要为临黄村、陈庄村、拾西村、张小楼片区。

(1) 临黄村：位于故黄河东北、夹北铁路线西北、夹河煤矿以南，面积0.26 km^2。该片区为村庄，常住人口约5 000人，污水量500 t/d，排入故黄河。

按照规划，该片为村庄用地。

(2) 陈庄村：位于夹临路东北、夹北铁路线西北、夹河煤矿以南，面积0.43 km^2。该片区为村庄，常住人口约5 000人，污水量500 t/d，向东进入陈庄河。

按照规划，该片为村庄用地。

(3) 拾西村：位于九里湖南、拾屯河北、徐丰公路东、拾东河西。该片为村庄，共1 100余户，人口4 300多人，污水量460 t/d。该片区污水向北经DN1200管道汇集后向东排入拾东河。

(4) 张小楼片区：位于徐丰公路东、泉山鼓楼界西、拾屯河南、夹北铁路线北，片区内主要有张小楼社区、中欧尚郡小区，常住人口5 260人，污水量1 700 t/d。片区污水汇入徐丰公路雨水管道，向北排入拾屯河。

5. 经济开发区污水处理厂服务范围

经济开发区污水处理厂服务范围主要为东王庄村、中王庄村。

(1) 东王庄村：位于长安大道西、荆马河南岸，面积0.15 km^2。该片区为棚户区，共415户，污水量180 t/d，排入荆马河。

按照规划，该片区主要为居住用地，预计2030年污水量为830 t/d。

(2) 中王庄村：位于驮蓝山汉文化遗址公园北、荆马河两岸，面积0.18 km^2。该片区为棚户区，共498户，污水量220 t/d，排入荆马河。

按照规划，该片区主要为居住用地，预计2030年污水量为1 000 t/d。

7.1.2 对策措施

西店子村、乔家湖村、土山寺村、陶楼村、东王庄村、中王庄村、拾西村等7个片区已开始拆迁，待拆迁后结合片区开发，按照雨污分流标准完善片区管网。

其余5个片区优先考虑就近接入市政污水管网集中处理；对不具备接管条件的，设置分散污水处理设施处理。

1. 就近接入市政污水管网

史庄村、张小楼片区、下淀村、陈庄村等4个片区具备就近接入市政管网条件。

(1) 史庄村

① 周边现有污水管网情况

在史庄村北侧纵三路建有DN500污水管道，末端高程40.00 m；史庄村西侧雨污物流园内建有DN400～DN500污水管道，最南端高程39.25 m，园内污水通过东北角污水提升泵站提升后进入纵五路污水管道。

② 配套方案

临时方案：在史庄村北侧新建25 m^3/h污水提升泵站1座，新建DN100压力管道200 m，将史庄村北部污水提升后接入纵三路现有污水管道；在史庄村南侧新建25 m^3/h污水提升泵站1座，将史庄村南部污水提升后接入雨润物流园污水管道。

永久方案(图7.1.1)：新淮海西路、环湖路、泉润大道已完成施工招标，部分段已进场施工，设计沿环湖路新建DN500～DN600污水管道接入泉润大道DN800～DN1000污水干管，进入王窑河现有污水管道。待新淮海西路、环湖路、泉润大道污水管道贯通后，史庄村污水可自流接入污水管网。

(2) 张小楼片区

① 周边现有污水管网情况

徐丰公路西侧现有DN800污水管道，向南经污水泵站提升后进入三环北路污水管道；徐丰公路东侧现有DN1000雨水管道，向北排入拾屯河。

② 配套方案

近期方案：在张小楼社区与中欧尚郡之间道路处顶施工DN1000污水管道70 m，过路接入徐丰公路西侧现有DN800污水管道；在徐丰公路东侧DN1000雨水管道入拾屯河处新建截污闸1座，晴天时将张小楼片区污水截流后进入徐丰公路西侧现有污水管道。

后期方案(图7.1.2)：结合张小楼社区与中欧尚郡之间道路建设，新建DN500污水管道530 m，DN800雨水管道500 m，分别接入徐丰公路雨污水管道。

图 7.1.1　史庄村片区管网布置示意图

图 7.1.2　张小楼片区管网布置示意图

(3) 下淀村

① 周边现有污水管网情况

沿子房河东岸，由子房闸至子房河污水提升泵站建有 DN1000 污水管道。

② 配套方案

近期方案：实施子房河综合整治续建工程，结合棚户区拆迁，在二环北路北侧新建截污闸及污水提升泵站各 1 座，沿机务段大沟新建 DN1000 污水管道，将下淀村片区及机务段大沟污水接入新建污水管道。

后期方案(图 7.1.3)：结合下淀村片区拆迁建设，片区按照雨污分流标准新建雨污水管道，污水接入子房河截污管，雨水接入子房河。

图 7.1.3　下淀村片区管网布置示意图

(4) 陈庄村

① 周边现有污水管网情况

沿腾飞路敷设有 DN600 污水管道，下游入时代大道污水主管道。

② 配套方案

在陈庄河 3 条入河支沟新建溢流堰，沿汇文学校北、陈庄河西岸向北敷设 DN400 污水管道 550 m 接至腾飞路已建污水管网；在陈庄村南侧新建小型污水提升泵站 1 座，敷设 DN90 PE 管 294 m 接入陈庄河新建污水管道内(图 7.1.4)。

图 7.1.4　陈庄村管网布置示意图

2. 设置污水处理设施处理

临黄村暂无法接入现有市政管道，采用新建污水处理设施处理。

配套方案（图 7.1.5）：对临黄村片区 3 处入故黄河排水口进行建闸控制，沿故黄河西岸敷设 DN400 污水管道 710 m，在振园路东新建 500 m^3/d 一体化污水处理设施 1 座，占地面积约 600 m^2。

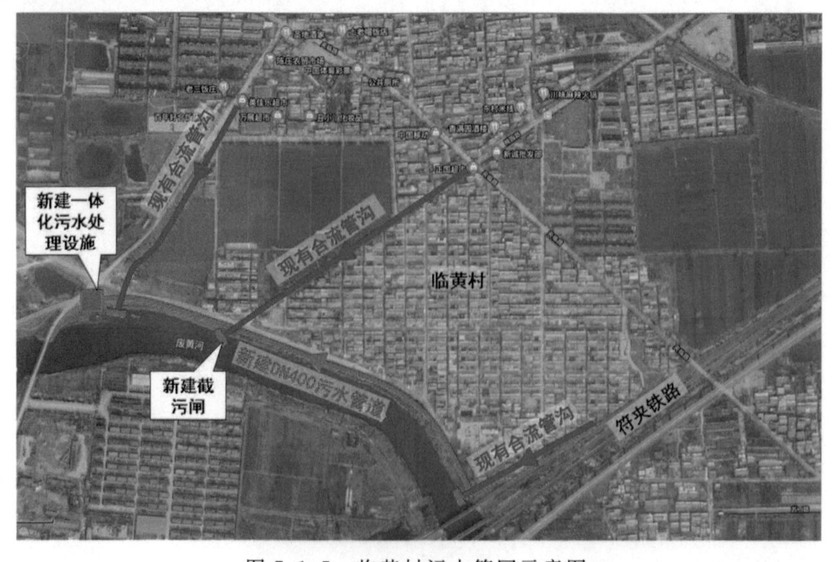

图 7.1.5　临黄村污水管网示意图

7.2　消除污水直排口

7.2.1　污水直排口现状

目前直排污水口集中在城中村区域，主要有子房河子房闸以上段(19处)、三八河乔家湖段(3处)、荆马河陶楼社区段(15)、故黄河丁楼闸以上段(3处)、拾屯河拾西村排污口(1处)、拾屯河张小楼排污口(1处)。奎河市区周边为雨污合流制，合流制口门溢流污染严重。

奎河为徐州市老城区主要的排涝河道，市区段长10 km(云龙湖八一大堤至欣欣路桥)，沿线共有各类排水口268处。由于两岸雨污合流、尾水排放入河(一级A标准)、截污管网老化渗漏、污水处理厂满负荷运行造成溢流等，奎河水质较差，根据2017年9月徐州市水务局在奎河增设6个断面监测成果，奎河沿程水质不能稳定达标。苏堤路、建国西路断面水质为Ⅳ类；建国路、袁桥闸、铁路桥、欣欣路桥断面水质为劣Ⅴ类，主要超标因子为溶解氧、氨氮、总磷。从沿程水质变化来看，奎河从苏堤路至欣欣路桥沿程水质不断恶化，部分监测指标自袁桥闸断面开始大幅度上升。

7.2.2　对策措施

消除污水直排口主要实施河道整治、雨污分流、老小区改造、排水户调查等四类工程。

1. 河道整治

三八河乔家湖段、荆马河陶楼社区段、故黄河李庄闸以下段片区城中村已在拆迁；故黄河丁楼闸以上段排污口通过沿河新建污水管道收集后，设置污水处理设施处理；拾屯河张小楼排污口就近接入现有污水管道；子房河、奎河沿线排河口通过综合工程措施进行治理，对直排口门进行截污，新建合流污水及初期雨污调蓄池，设置雨水排放口净化设施。

(1) 徐州市区奎河综合整治工程

江苏省政府办公厅在《关于2017年一季度劣Ⅴ类水质考核断面有关情况的通报》中指出，奎河市区段是徐州市唯一的劣Ⅴ类水体，欣欣路桥断面为劣Ⅴ类水质，奎河市区段水环境亟待整治提升。为达到奎河黄桥国控断面、欣欣路桥省控断面水质要求，完成市政府对消除奎河市区段欣欣路桥断面劣Ⅴ类水质目标，同时进一步提升市区奎河水环境与水生态质量，实施徐州市区奎河综合整治工程。

工程范围为奎河(苏堤路至欣欣路桥),河道长度约 9.325 km。先行实施范围为袁桥闸至欣欣路桥段,河道长度约 5.41 km。工程主要内容为河道工程、干河清淤工程、景观提升工程、治污工程(雨水口净化)、沿岸截污主管道工程(含老干管修复等)、管线迁改及道路恢复等工程。

① 工程主要内容

河道工程:本次工程建设范围为奎河(袁桥闸至欣欣路),河道长度约为 5.41 km(图 7.2.1)。由于本工程仅对现状老驳岸进行生态化改造,因此河道驳岸平面位置基本维持现状,结合景观节点打造,对老驳岸进行部分破除改造。

图 7.2.1　奎河综合整治工程位置示意图

(a) 干河清淤工程

本次工程河道清淤长度约 5.41 km,疏浚断面按照满足护岸结构稳定的设计断面进行疏浚,同时兼顾生态、水景等因素综合确定。清淤范围挖方量为 16.01×10^4 m^3(水下方)。

(b) 截污主管道工程

市区奎河沿岸截污主管道工程范围为市区段约 5.41 km(袁桥闸至欣欣路桥段),主要内容包括:沿奎河右岸新建 DN1000～DN2000 截污主管道,与左岸现有污水主管道连通,同时为片区雨污分流预留污水接入口;对奎河沿岸现有污水管进行管道检测及非开挖修复,解决管道渗漏、破损等问题,减少地下水的入渗等;新建奎河两岸雨水入河口门,并增设排放口净化设施等。

(c) 管线迁改及道路恢复

本次工程主要针对袁桥闸至铁路桥段河道岸明敷的热力蒸汽管线、10 kV 电力架空线和通信架空线进行迁改入地。

(d) 景观提升工程

袁桥闸至京沪铁路桥,河道两侧绿化腹地较为狭窄,宽度 3.0 m(局部设置 1.5 m 挑台);京沪铁路桥至欣欣路桥,河道两侧绿化腹地宽阔,宽度 30～70 m;溢洪道(奎山溢洪桥至共建路桥),宽度 2.7～4.0 m。

(e) 治污工程

结合驳岸工程施工,根据雨污分流规划,在有条件的情况下,结合驳岸工程对规划改造的雨水管进行改造;对规划保留的雨水管(现状合流管)以及规划改造的雨水管进行雨水排放口净化改造。共计 13 处。

② 雨水排放口净化措施

水力旋流分离器需要直径 1.8～3.6 m 不等的土建开挖面积,而本工程范围内铁路桥上游区域河道两侧道路较为狭窄,道路宽度仅为 6～7 m,无条件布置该净化设施,仅考虑在河道内设置生态浮床;在铁路桥下游由于河滩地较为宽阔,有条件布置水力旋流分离器,因此拟考虑设置水力旋流分离器及生态浮床。

水力旋流分离器有两种设置方式,详见图 7.2.2 和图 7.2.3。

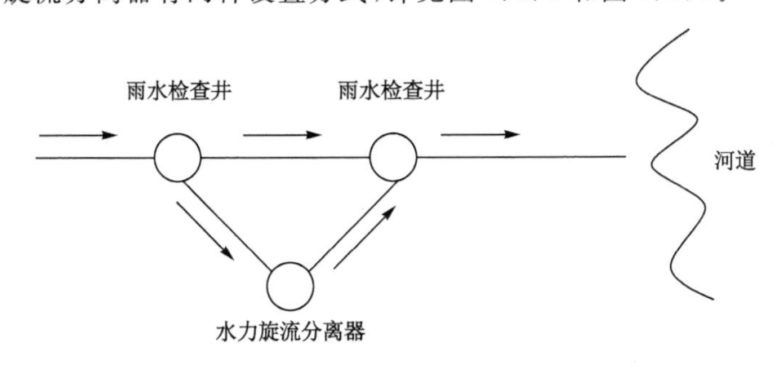

图 7.2.2　单套水力旋流分离器设置示意图

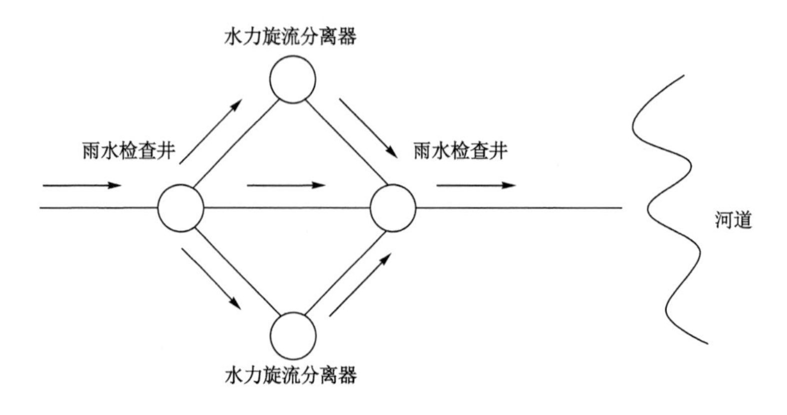

图 7.2.3　双套水力旋流分离器设置示意图

在雨水排放口前，具备可开挖面积在直径 1.8～3.6 m 以上的区域设置水力旋流分离器，将设备安装在混凝土井室中，同时新建 50 cm 挡堰为设备提供运行水头。当管渠有上游来水时，水位逐渐上升，设备自动运行，经处理后较为清澈的出水排放至河道，沉积物、垃圾、浮渣等漂浮物拦截在设备内部，每年汛期前、后分别进行一次清理。其工艺设计如图 7.2.4 所示，平面布置如图 7.2.5 所示。

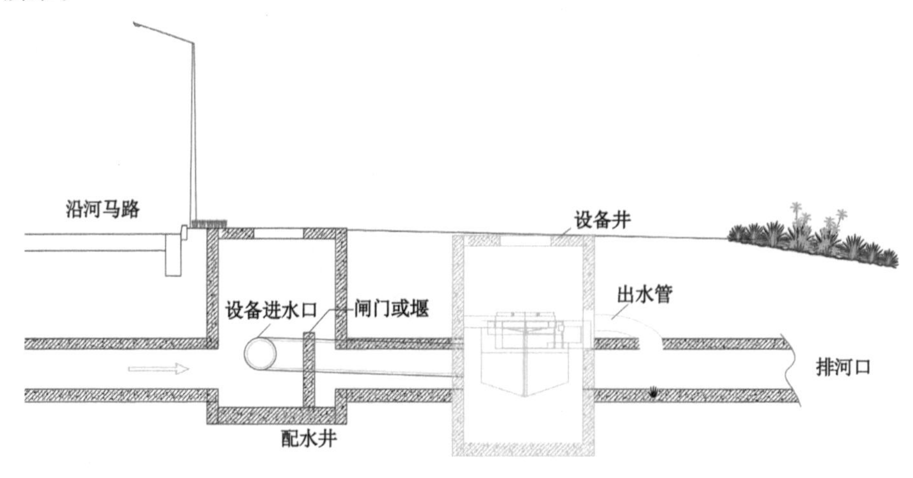

图 7.2.4　水力旋流分离器工艺示意图

(2) 子房河综合整治续建工程

子房河南起白云山立交，沿津浦铁路东侧北至荆马河，汇入荆马河后流入京杭大运河不牢河段，属于大运河汇水区，也是南水北调东线主要支流之一，其汇

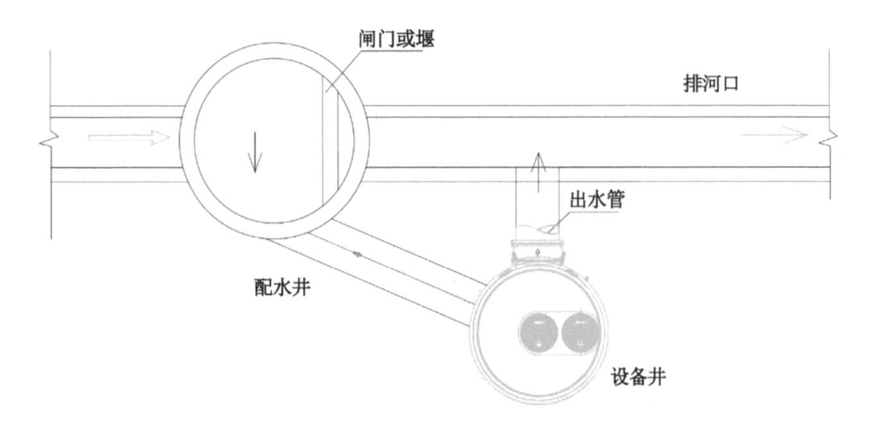

图 7.2.5　水力旋流分离器平面布置图

水区属于荆马河污水处理厂服务范围。子房河汇水区共 6.5 km²，河道全长 4 km，沿线截污干管长 2 km，沿线入河口门 75 处(二环北路以南段 56 处)。

子房河是 2016—2017 年全市 81 条黑臭河道整治工程项目之一，因征迁困难，上游机务段大沟、二七宿舍、下淀社区等生活污水未能接入截污管网，造成河道返黑返臭。2018 年被江苏省环保督察"263"通报批评，因河道加盖问题于 2019 年 2 月被国家环保督察暗访通报。为消除子房河黑臭，根据棚户区改造计划，结合城市总体规划和周边地块开发利用，对子房河现状截污闸以上段进行综合整治。工程主要内容如下：

① 截污纳管：在二环北路北侧(原时新沙发厂)新建截污闸及污水提升泵站(含调蓄池)各 1 座，非汛期上游二环北路以南机务段大沟污水通过污水提升泵站排入新建 DN1000 污水干管，汛期提闸雨污水排入下游至子房河。

② 入河口门整治：对沿线 19 处排污口门进行整治，对其截污纳管，新建初雨净化设施。

③ 河道揭盖：对二环北路至现状截污闸段盖板(L=0.5 km)进行揭盖。

④ 河道综合整治：对二环北路至现状截污闸段(L=500 m)河道进行清淤疏浚，河道挡墙采用内衬 U 形槽加固约 280 m(2017 年已加固 130 m)，并对河道两侧进行景观绿化，面积约 1 000 m²，沿河道新建道路 330 m(道路净宽 5 m)。

⑤ 新建箱涵：根据规划的二环北路道路红线，对二环北路至现状水泥路段新建过路箱涵(L=130 m)。

2. 雨污分流

为减轻合流制排水溢流污染，2018 年徐州市制定了《徐州市区奎河水环境综合整治提升工程实施方案》，计划分 17 个片区推进奎河片区雨污分流。17 个片区分别为：黄河北片区、坝子街东片区、黄河南片区、八一大沟片区、老城区片区、黄河东片区、溢洪道北片区、溢洪道南片区、玉带河北片区、军民河北片区、金山大沟片区、塔东大沟片区、泰奎大沟片区、翟山大沟片区、七里沟片区、黄河西片区和姚庄大沟片区，汇水区总面积 47.31 km^2（扣除云龙湖片区面积）。徐州市分年度、分片区推进徐州市区雨污分流改造，2020 年实施了姚庄大沟片区、金山大沟片区雨污分流工程，2021 年实施了翟山大沟片区、黄河北片区雨污分流工程，项目区域详见图 7.2.6。各区根据自身实际情况，有计划推进雨污分流改造。

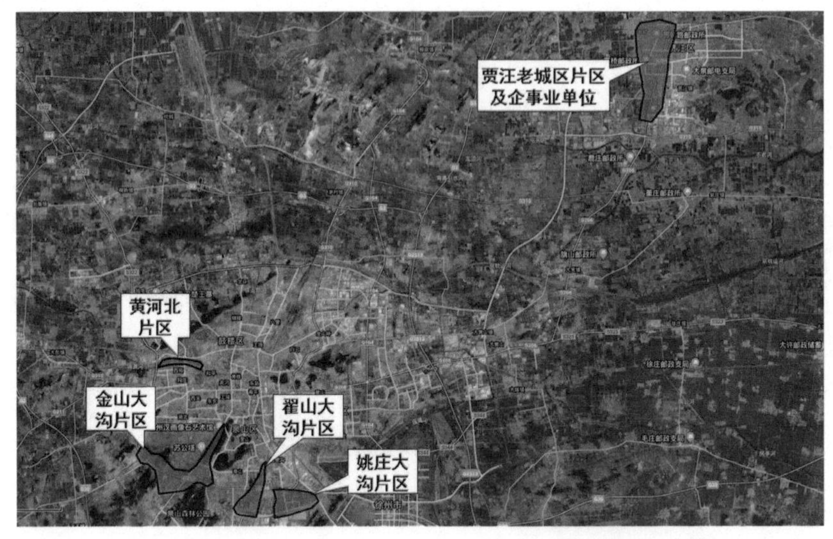

图 7.2.6　2020—2021 年度雨污分流改造片区位置示意图

雨污分流工程主要包含新建雨污管网工程、合流管涵改造工程、老小区雨污分流工程、初雨控制工程和奎河截污管修复和新建工程。

（1）姚庄大沟片区

姚庄大沟片区现状：排水主要通过三环南路南侧排水管、姚庄大沟、欣欣路两侧排水大沟排至奎河，污水排放大户主要有如意家园、苏商御景湾、海峡东南郡、荣盛花语城、翡翠城等小区。

姚庄大沟片区雨污分流工程主要涉及三环南路、御景路、翡翠路、欣欣大道、科技大道、姚庄路、迎宾大道等道路，新建 DN800—4000×2000 雨水管网 6 880 m，新建 DN500～DN600 污水管网 8 480 m，合流管涵改雨水管 13 680 m，老小区雨污分流面积 0.265 km^2，初雨控制雨水口共 7 个。

（2）金山大沟片区

金山大沟片区现状：污水主要以金山大沟为排水主干沟排至云龙湖。

金山大沟雨污分流工程主要涉及珠山西路、三环南路、鑫雅路、金泰路、金福路、云泉路、金山东路、育才路等道路，新建 DM800—4500×2400 雨水管网 2 547 m，新建 DN500～DN600 污水管网 4 920 m，合流管涵改雨水管 3 030 m，老小区雨污分流面积 0.472 km^2，初雨控制雨水口共 19 个。

(3) 翟山大沟片区

翟山大沟片区现状：排水主要通过翟山大沟排至奎河，污水排放大户主要有中国石油天然气管道局第二工程分公司、徐州市第三十六中学、徐州市华东管道幼儿园、大润发超市(欣欣路店)、徐州市天顺混凝土有限公司、徐州市泉山区城管局、翟山村、十里铺以及澳东印象城等片区内各个小区。

翟山大沟片区雨污分流工程主要涉及欣欣路、南三环、京沪铁路西侧、北京路等道路，新建 DN500—2500×2000 雨水管网 15 851 m，新建 DN500～DN800 污水管网 9 513 m，合流管涵改雨水管 3 371 m，老小区雨污分流面积 0.375 km^2，初雨控制雨水口共 6 个。

(4) 黄河北片区

黄河北片区现状：排水主要通过闫窝大沟、沈场大沟、苏堤北路、西安北路、中山北路排水管排入故黄河，污水主要由铜沛路、故黄河北侧截污管最终接至河南岸污水干管内。

黄河北片区雨污分流工程主要涉及铜沛路、水漫桥北路、二环西路、中山北路、坝子街等道路，新建 DN800—4000×4000 雨水管网 3 723 m，新建 DN400～DN500 污水管网 1 000 m，合流管涵改雨水管 282 m，老小区雨污分流面积 0.551 km^2，初雨控制雨水口共 13 个。

(5) 贾汪老城区片区及企事业单位雨污分流工程

英才中学、桃花岛小区、贾汪客运站等 83 个企事业单位实施雨污分流改造，铺设污水管网 17.76 km，雨水管道 3.7 km。① 改造学校污水 11 个，管网长 3.2 km；② 改造卫生医院 6 个，管网长 1.3 km；③ 改造事业单位 9 个，改造管网长 2.1 km；④ 改造公共厕所 19 个，改造管网长 2.4 km；⑤ 改造企业单位 24 个，改造管网长 7 km；⑥ 其他 14 个，改造管网长 5.46 km。

3. 老小区改造

小区雨污分流改造对居民影响较大，应结合老小区综合改造同步实施，避免反复开挖，以减小影响，降低工程造价。

(1) 住宅小区排水改造原则

① 合流落水管改造为污废水立管，并连接至小区污水管道；新建阳台雨水立管，并接入小区雨水管道。

② 楼前支管分流、主线合流的住宅小区，新建排水支管。

③ 雨污合流的住宅小区，新建排水管道，进行雨污分流改造。

④ 雨污分流、存在雨污混接的住宅小区，新建排水管道，进行雨污混接改造。

合流立管改造如图 7.2.7 所示。

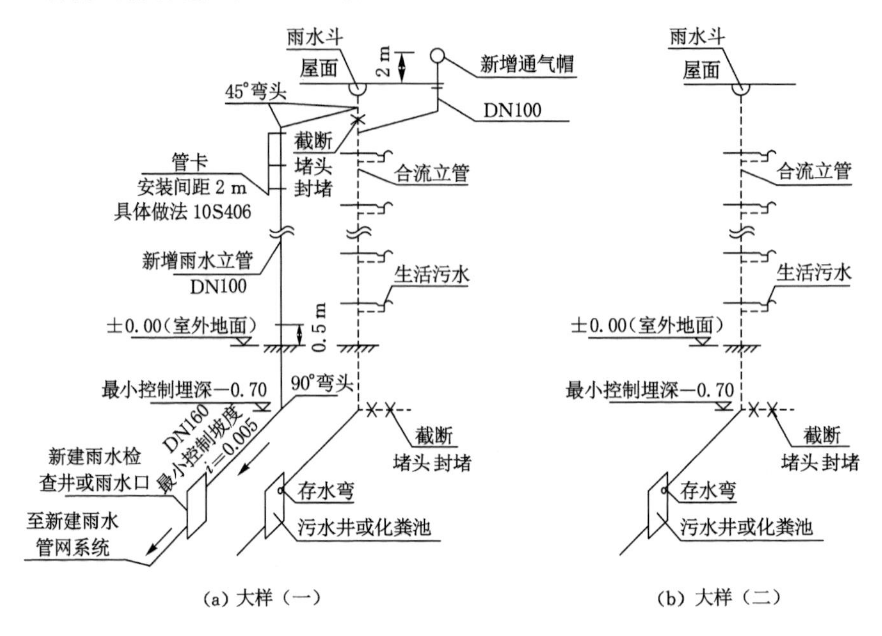

图 7.2.7　合流立管改造大样

(2) 住宅小区管网改造工程技术措施

① 阳台落水管改造

对存在阳台改变功能的多层建筑，将原阳台雨水立管通过水封装置接入污水井，另增设新的屋面雨水立管；当屋面面积较小、建筑总高较高、改造条件复杂时，仅将阳台雨水立管接入污水系统，不新设雨水立管。

改造雨污合流立管须在立管上部将屋面雨水分流至新增雨水立管，并就近接入雨水管道。新增雨水立管宜安装在现有合流立管旁，改造时可把原有雨水立管在屋面以下截断，然后接上新管作为新的雨水立管，原雨水立管屋面以下的部分作为污水立管接入污水系统，这一做法可避免引起屋面结构受损、漏水及雨水收集不畅、造成积水等问题，改造示意图见图 7.2.8。

现有合流立管旁边没有安装条件时，即新建屋面雨水口不在最低点时，可以在污水通气帽预留小孔，以减少屋面积水，但必须做好防水措施，以防屋面漏水。

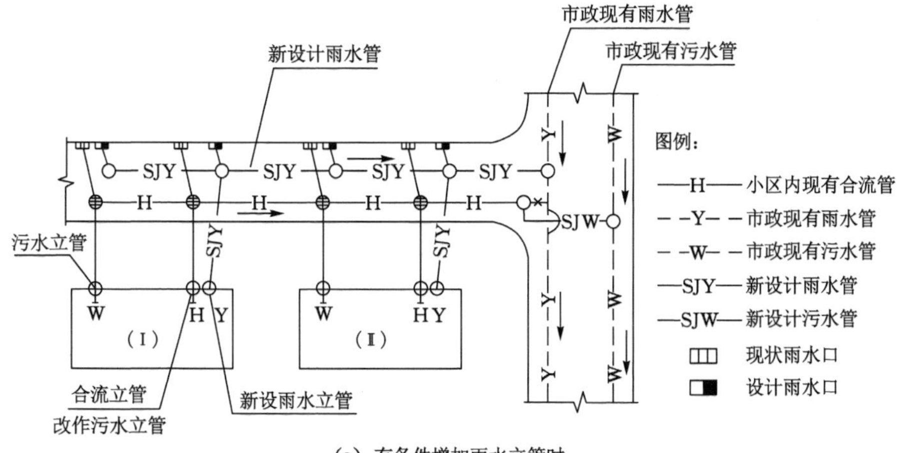

(a) 有条件增加雨水立管时

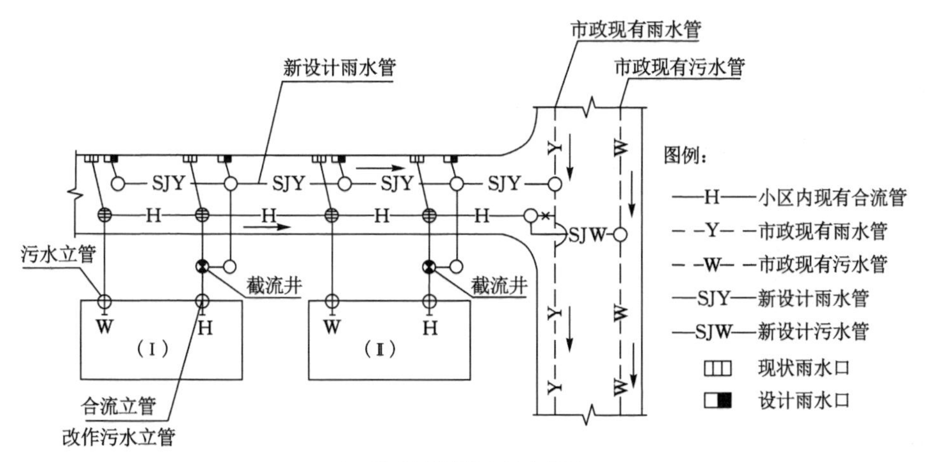

(b) 没有条件增加雨水立管时

图 7.2.8　只有一套排水系统的小区改造示意图

② 小区雨污分流改造

对只有一套排水管网的排水小区，应按照雨污分流、“正本清源”的原则，改造现有管网作为污(或雨)水管网系统，重建一套雨(或污)水管网系统。新建污水管网系统管道管径比新建雨水管道小，但管道埋深会较深，同时也存在污水管网系统的改造复杂程度高、难度大等问题。因此，新建雨水(或污水)系统应根据现有排水系统的组成，在技术、经济等方面综合比较后确定。一般情况下，现有排水系统为沟渠或下游为河涌、标高衔接困难时，宜新建污水系统，保留现有系统为雨水系统；其他情况下建议优先考虑新建雨水系统。

对建筑分布杂乱、密集，道路狭窄，人口相对集中区域的老住宅小区，敷设管线对周边的建筑基础影响较大，工程实施难度大，无条件实行雨污分流制时，一般采用保留现有合流制排水系统，在合流管出口处设置污水截流井，保证小区旱季污水全部收集进入污水系统，最终进入污水处理厂处理。远期，可结合旧城改造等工程，逐步建设雨污两套排水系统，实现分流制排水。

前面述及，部分小区无新建建筑雨水立管条件时，将阳台合流管直接接入污水系统，势必会出现部分雨水进入污水系统的情况，增加污水管网及污水处理厂负荷。为此，建议在建筑的立管末端加设小型截流井，截流井采用小管径管道与小区污水管连通，大管径管道与小区雨水管连通，旱季保证立管排水进入小区污水系统，雨季初雨雨量小，通过小截流管进入污水管，当雨量超过截流管过流能力时，大部分立管排水溢流排入小区雨水系统。这样可基本实现雨污分流，同时保证对城市污水系统不构成压力。

③ 小区雨污混接改造

对虽建有雨、污分流两套排水系统，但系统不够完善，且存在混流、错接、设施破损、管理不善问题等，造成污水流失的小区，首先是对排水系统进行梳理，找出问题，分析原因，视具体情况按照雨污分流的原则综合确定清源整改方案，一般采取局部整改方式，如加设雨水口、垃圾房周围加高、对污染点排水出口进行改接，在排放污水的阳台管所处地面增设污水管道等，以达到雨污分流目标。

改造示意图详见图 7.2.9。

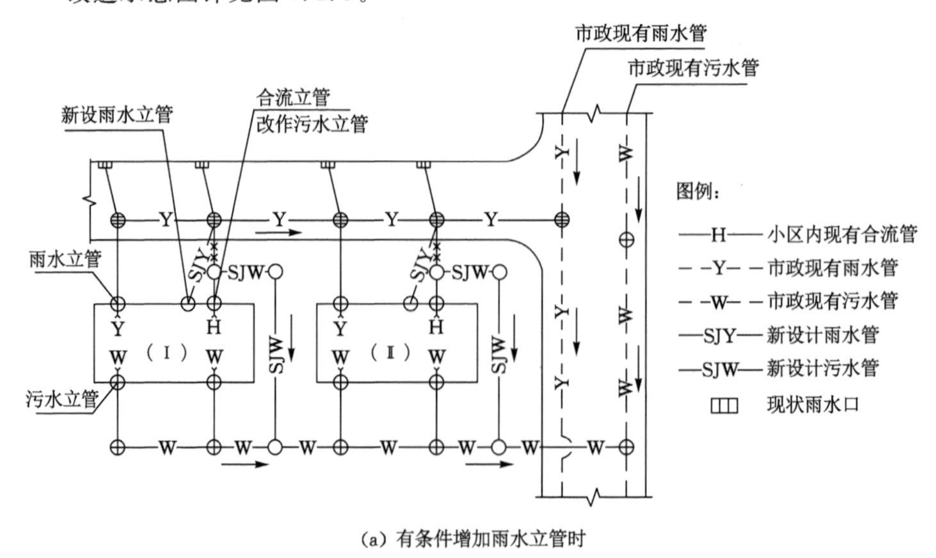

(a) 有条件增加雨水立管时

图 7.2.9　两套排水系统的小区改造示意图

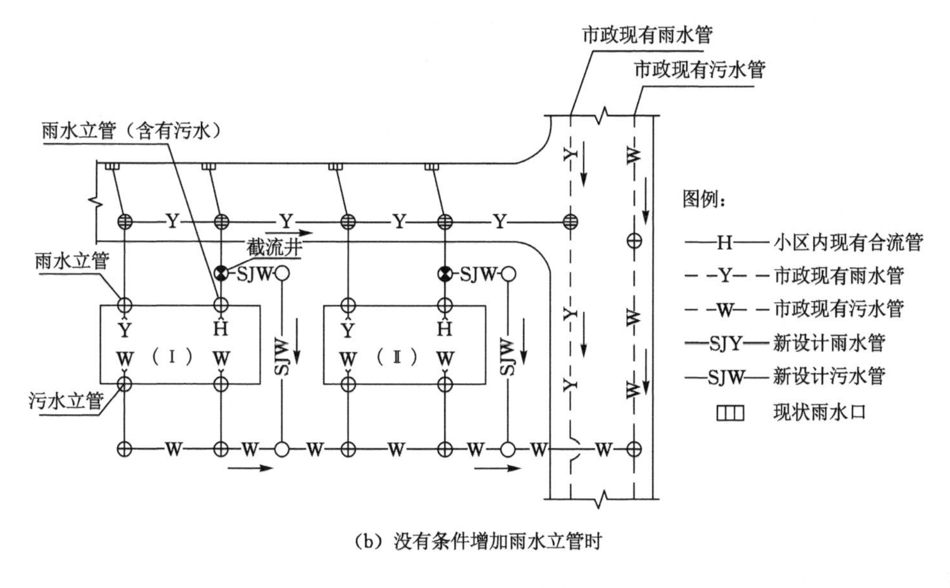

(b) 没有条件增加雨水立管时

图 7.2.9 （续）

④ 排水户调查

徐州市 2017 年完成排水户普查，根据普查情况统计，徐州市区共有排水户 1 127 户，列入重点排污单位名录的排水户数量 109 户，日排放污水 5.13×10^4 t/d。根据《徐州市城市排水管理办法》，目前已全部纳入市政管网。已办理排水许可证数量 150 户，总发放比例 13.3%，其中重点排水户发放比例 56.9%。为进一步确保排水户普查信息的准确性，确保排水许可发放工作落到实处，2019 年又对徐州市主城区排水户进行了普查。

7.3　管网排查与改造修复

7.3.1　已完成情况及现状问题评估

徐州市区已进行的管网排查主要分为两个部分：一是管网管道基本信息调查，2015 年、2016 年徐州市主城区分两期实施了排水管网普查工程，排查方式主要采用 GPS 定位，人工开井盖从地面进行测量，对管道位置、管径、管道标高、检查井位置、排水口位置及高程等进行了调查；二是管道缺陷调查，自 2014 年开始，采用 CCTV 视频检测等技术，对主城区范围内排水管网缺陷情况进行了调查，已检测排水管网 95 段，总长 169.53 km，共发现结构性缺陷 2 187 个，平均 12.9 个/km(江苏地区平均水平 5 个/km)；市直管范围过河管 96 处，已全部完成检测,问题段 72 处,结构性缺陷 898 个,主要为渗漏、错口、脱节。

徐州市于 20 世纪 80 年代末开始建设截污管道,第一批管道如故黄河、奎河截污管已使用 30 多年,管道腐蚀、渗漏、破裂严重。2014 年故黄河截污管青年路南段因渗漏造成地面坍塌,徐州市水务局引进翻转内衬修复技术对其进行了维修,由此开始,徐州市每年均投入一定资金对出现问题的排水管道进行维修,累计投资近亿元,修复管网 23.7 km。基本完成了丁万河污水处理厂、西区污水处理厂、奎河污水处理厂、三八河污水处理厂、新城区污水处理厂、荆马河污水处理厂范围内过河管以及大部分污水主干管检测。各污水处理厂管网检测情况如下:

1. 荆马河污水处理厂范围

(1) 过河管检测

荆马河污水处理厂共 24 处过河管,2018 年之前已修复 2 处,剩余 22 处均存在不同程度缺陷,主要表现为渗漏、错口、脱节、破裂,其中徐钢院过河管、徐钢院内铁路东过河管渗漏严重(图 7.3.1 和图 7.3.2)。

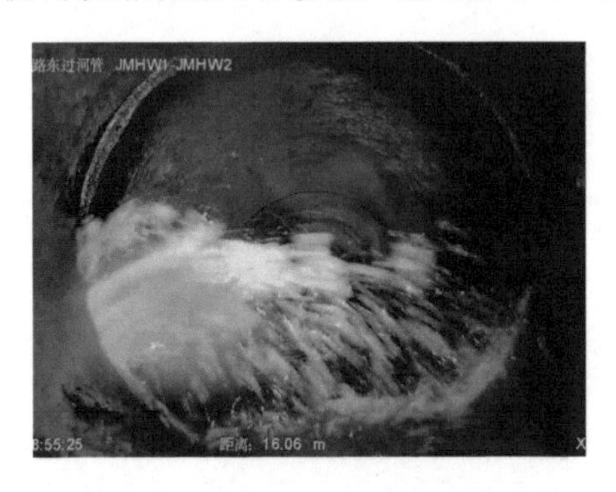

图 7.3.1 徐钢院内铁路东过河管

图 7.3.2 荆马河截污管

(2) 管网检测

荆马河污水处理厂服务范围已检测污水、合流管网 45.12 km,占管网总长 24.2%。已完成煤港路污水干管、徐运新河污水干管、荆马河天齐南路到东三环污水主干管清淤检测。荆马河主干管总体质量较好,局部存在错口,煤港路、徐运新河污水干管质量较差,错口、异物穿入较多;殷庄路合流管道损坏严重。

2. 三八河污水处理厂范围

(1) 过河管检测

三八河污水处理厂共 13 处过河管,2018 年之前已修复 2 处,剩余 11 处中,三八河庆丰路桥东过河管、老房亭河民祥园路边沟过河管、老房亭庆丰路过河管等 4 处存在错口、渗漏、起伏等问题(图 7.3.3 和图 7.3.4)。

图 7.3.3　三环东路污水管道

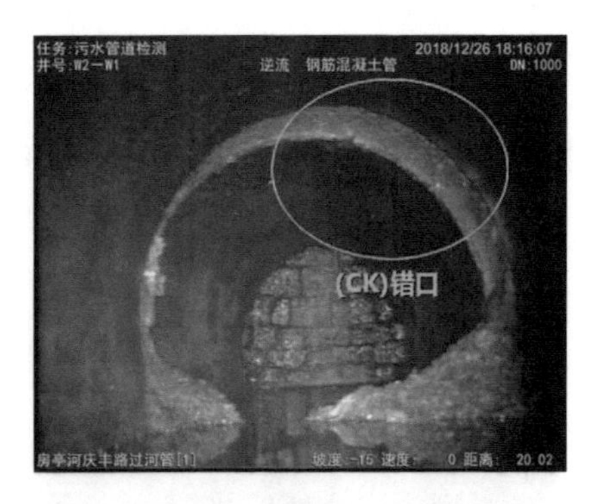

图 7.3.4　老房亭河庆丰路过河管

(2) 管网检测

三八河污水处理厂服务范围已检测管网 18.25 km，其中污水、合流管网 15.05 km，占管网总长 32%。已完成三八河郭庄路至云龙区政府东 3.8 km 长污水主干管检测，以及民祥园路、德政路、兵马俑路、郭庄路、兴云路、老房亭河、三环东路、庆丰路部分管网检测。沿三八河污水主干管质量较好，郭庄路污水管、老房亭河截污管质量较差，三环东路高架(故黄河到响山路)破裂严重，质量极差。

3. 奎河污水处理厂范围

(1) 过河管检测

奎河污水处理厂共 28 处过河管，2018 年之前已改造修复 3 处，剩余 25 处过河管中，24 处过河管均存在不同程度问题，主要表现为老化腐蚀、破裂、脱节、错口、渗漏，其中西安路桥西过河管、故黄河原鼓楼公安局过河管、马鞍桥南过河管、原聋哑学校南侧过河管缺陷较为严重(图 7.3.5 和图 7.3.6)。

图 7.3.5　马鞍桥南过河管

图 7.3.6　原聋哑学校南侧过河管

(2) 管网检测

奎河污水处理厂服务范围已检测管网 49.83 km，其中污水、合流管网 47.17 km，占管网总长 25%。已完成奎河 5.9 km 截污主干管、故黄河 9.1 km 截污主干管、八一大沟 2.6 km 截污干管检测。故黄河截污管破裂、老化、渗漏较为严重(已于 2015 年完成修复)，奎河截污主干管总体质量较好，局部存在渗漏、错口。

4. 新城区污水处理厂范围

(1) 过河管检测

新城区污水处理厂共 16 处过河管，2018 年之前已完成 3 处过河管修复，剩余 13 处过河管中，12 处过河管均存在不同程度问题，主要表现为破裂、脱节、错口、渗漏，新元大道顺堤河过河管、汉风路顺堤河过河管渗漏极为严重。其中，新元大道顺堤河过河管为 HDPE 管道和钢筋混凝土管混接，HDPE 管道破裂、变形、渗漏严重；汉风路顺堤河过河管采用两根球墨铸铁管，局部接口脱节达 30 cm(图 7.3.7 和图 7.3.8)。

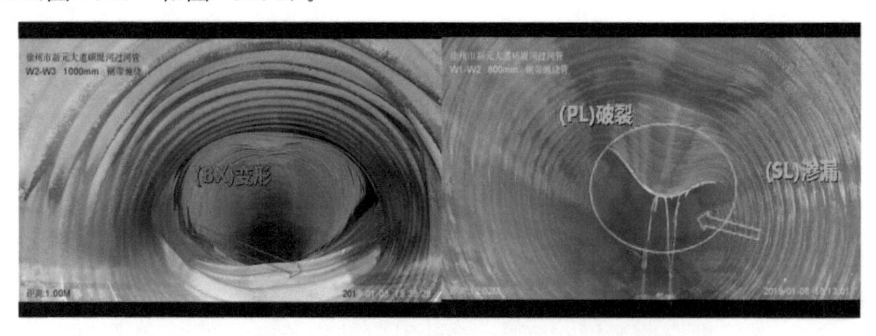

图 7.3.7　新元大道顺堤河过河管

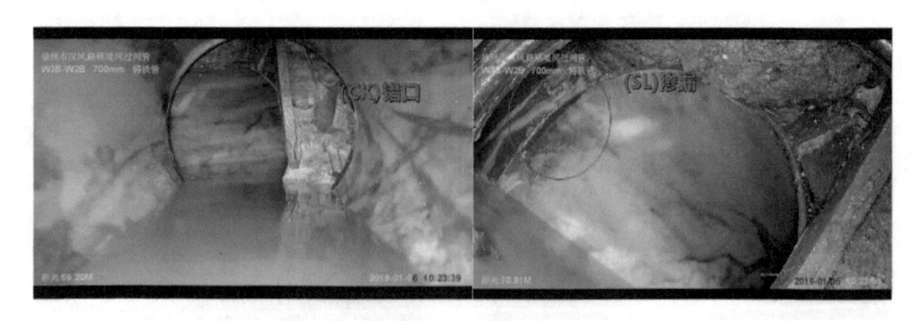

图 7.3.8　汉风路顺堤河过河管

(2) 管网检测

新城区污水处理厂服务范围已完成琅河 3.88 km 污水管网检测，该段管网采用 HDPE 管道，管道变形、起伏、接口错位缺陷较多。

5. 龙亭污水处理厂范围

(1) 过河管检测

龙亭污水处理厂共 14 处过河管，2018 年已完成龙亭污水提升 1# 泵站过河管、珠江路桥北过河管、X306 县道藕河过河管等 3 处过河管清淤检测，管道质量较好，主要缺陷为渗漏。

(2) 管网检测

龙亭污水处理厂服务范围已检测管网 24.36 km，其中污水管网 13.79 km，占管网总长 18.70%。已完成龙亭污水处理厂（连霍高速至污水处理厂段）4.9 km 污水主干管、奎河西岸（奎河污水处理厂至欣欣路泵站）0.85 km 污水干管、三堡 X309 县道 1.86 km 污水干管、欣欣路 2.4 km 污水干管等清淤检测。三堡镇 X309 县道污水管道缺陷严重，管道破裂、错位、脱节、渗漏等结构性缺陷达 111 处（图 7.3.9）。

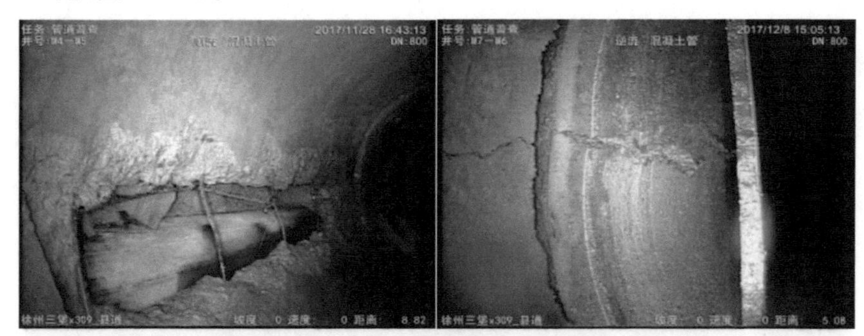

图 7.3.9　三堡镇 X309 县道污水管道

6. 西区污水处理厂范围

(1) 过河管检测

西区污水处理厂共 4 处过河管，2016 年对污水处理厂北过河管进行了清淤检测，管道起伏渗漏严重（已修复）。2018 年对故黄河桃花源大沟过河管及丁楼净水厂过河管进行了检测，桃花源大沟过河管起伏较大，洼水严重。

(2) 管网检测

西区污水处理厂服务范围已检测管网 9.4 km，其中污水、合流管网 7.2 km，占管网总长 15%。已完成三环西路 2 km 污水主干管、故黄河 2.6 km 截污干管检测。三环西路（矿山医院至污水处理厂）段污水干管缺陷严重，主要表现为脱节、错缝、破裂（图 7.3.10）。

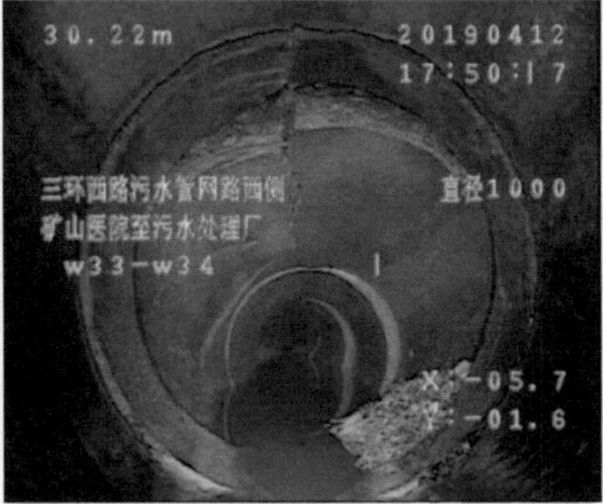

图 7.3.10 三环西路(矿山医院至污水处理厂)污水管

7. 丁万河污水处理厂范围

(1) 过河管检测

丁万河污水处理厂共 9 处过河管,2018 年对万寨村桥南过河管、杨山村过河管、丁楼河河口过河管、中山路桥西过河管、刘楼过河管、徐州工业职业技术学院过河管等 6 处过河管进行了检测。杨山村过河管、丁楼河河口过河管为 DN1000HDPE 管道,U 形敷设,管道错口、破裂、渗漏极严重(图 7.3.11)。

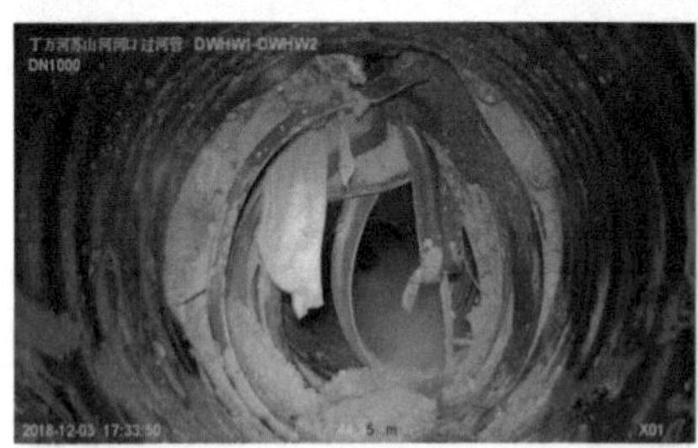

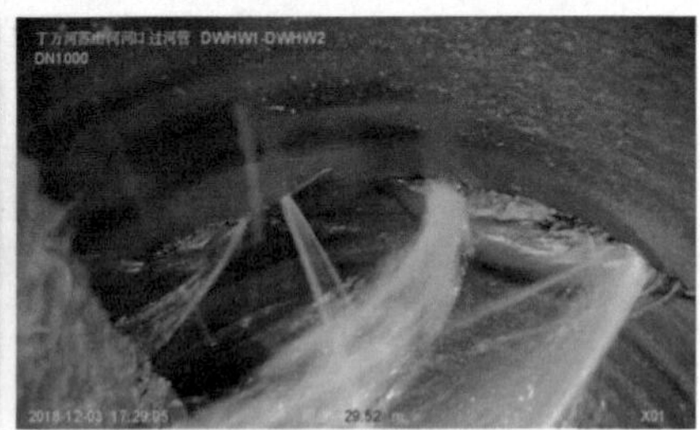

图 7.3.11 丁楼河河口过河管

(2) 管网检测

丁万河污水处理厂服务范围已检测污水、合流管网 12.1 km,占管网总长 20%。已完成徐丰公路(污水提升泵站至三环北路)段污水干管、三环北路污水主干管、丁万河南岸(徐丰路至刘楼河)污水干管检测。丁万河南岸污水干管、三环北路污水干管缺陷严重,主要表现为脱节、错缝、破裂(图 7.3.12)。

8. 铜山区新城污水处理厂范围

(1) 过河管检测

铜山区新城污水处理厂共 3 处过河管,2018 年对牛山路桥北过河管进行了清淤检测,管道错位、脱节严重。

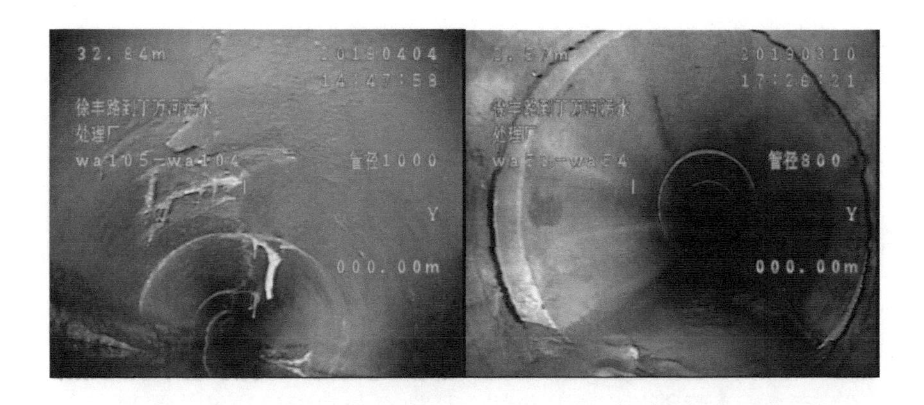

图 7.3.12 三环北路污水管道

（2）管网检测

铜山区新城污水处理厂服务范围已检测管网 2.12 km，其中污水管道 0.7 km（长江东路污水管道），主要缺陷为破裂、渗漏、错位。

7.3.2 管网排查

徐州市主城区已开展的管网排查均存在局限性，2015 年、2016 年管网普查仅对管网基本信息进行了调查，且由地面带水进行测量，误差较大，尤其对于埋层较深、水位较高管道，无法准确测量管口位置及高程，无法摸清检查井盖被填埋段管道情况。已开展的管网检测缺乏系统性，主要选取污水主干管网及日常养护过程中发现问题管网，仅对管网结构性、功能性缺陷进行检测，未调查管网雨污混接、雨污合流、沿河排水口、暗涵内排水口情况。

为系统摸清排水管网情况，在已检测成果的基础上，按照“轻重缓急，做一片成一片”的原则，分片推进徐州市区管网排查。

1. 排查依据

（1）《城市黑臭水体整治——排水口、管道及检查井治理技术指南（试行）》

（2）《江苏省城镇排水管网排查评估技术导则》

（3）《城镇排水管道维护安全技术规程》（CJJ 6—2009）

（4）《城镇排水管渠与泵站运行、维护及安全技术规程》（CJJ 68—2016）

（5）《城镇排水管道检测与评估技术规程》（CJJ 181—2012）

（6）《爆炸性环境 第 1 部分：设备 通用要求》（GB 3836.1—2021）

（7）《城市地下管线探测技术规程》（CJJ 61—2017）

（8）《地下管线测绘规范》（DG/TJ 08—85—2010）

(9)《排水管道电视和声呐检测评估技术规程》(DB31/T 444—2022)

2. 排查范围

本方案以城市市政管网为主，优先排查城市主次干管，同步推进居民小区、公共建筑和企事业单位内部管网排查。居民小区、公共建筑和企事业单位等可由设施权属单位或物业代管单位及有关主管部门协同推进排查，由于时间紧、任务重，不再纳入本实施期限范围内。

3. 排查内容

(1) 摸底排查现有排水口、管线、检查井及其他附属构筑物，探明现有排水管网的布局；查找管网标高起伏、错漏接、断头点等情况。

(2) 检测排水管道及检查井的结构性缺陷和功能性缺陷的类型、位置、数量和状况。管道结构性缺陷主要包括脱节、破裂、胶圈脱落、变形、错位、异物侵入等；功能性缺陷主要包括管道内淤泥和建筑泥浆沉积等。检查井结构性缺陷包括井壁破裂、管道连接脱口、井底不完整等；功能性缺陷包括井底淤泥沉积等。

(3) 摸清外来水和雨污混接的种类、混接点位置、水量和形成原因。

4. 排查流程

收集资料或信息，现场踏勘，划分排查类别，明确排查内容，编写调查工作方案，现场排查，编写评估报告书，最终对成果进行验收(图 7.1.13)。

5. 排查方法

排查方法见表 7.3.1，具体方法如下。

(1) 排放口排查

在进行排水管网的排放口排查时，需在连续三个旱天后进行，排放口检查过程中若发现管道排放口存在下列情况之一，可初步确定存在排水户错漏接或管网系统雨污混接现象：① 沿河岸步行、乘船目视，雨水排放口有污水流出或存在直排口。② 排放口上游的第一个节点井内目视或检测有污水流过。

(2) 混接排查

雨污混接排查是排水管网排查的核心内容，主要对排查范围内的雨污水管道及附属设施通过人工调查、CCTV、QV 等方法判定管道内混接点的位置，从而查明整个排水系统的真实混接状况，并对污水分区混接的严重程度进行科学判断。

① 检查井内混接点调查

开井检查是混接调查的首要步骤，主要对小区接入管道、雨水口接入管道进行调查，根据检查井的性质不同，其检查的方法也不同。

对于雨水管道，检查井开启后，若检查井内水位较低，可直接目视检查井内

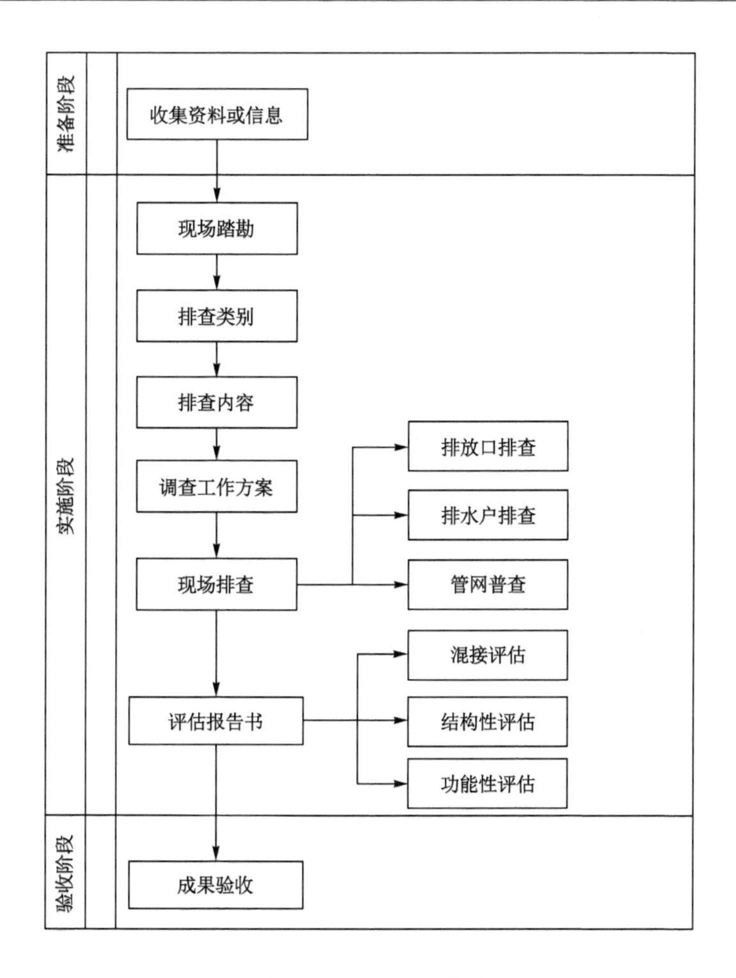

图 7.3.13　排查流程图

支管接入情况及流入水情况，若存在污水管或合流管接入，则直接判定此点为混接点，若旱天时有水流入且无法判断性质的，则采用水质检测方法来判断接入点是否为混接点。

对于污水管道，若有雨水管道或合流管道接入的，则直接判定为混接点；若无法判断的，则记录一段时间内接入管水流流入情况，在雨天时，在同一时段内，记录雨天一段时间内接入管水流流入情况，若存在明显的增加，可判定此点为混接点。检查井内调查时，对于接入管道只查明混接点性质即可，不对其上游来源进行调查。

表 7.3.1 现场排查方法一览表

排查方法	适用情况	注意事项
人工调查	水位较低的检查井，通过目测、简易工具等方式进行开井调查	适用范围较窄，局限性大，难适应管道内水位高的情况，不能明确管道的结构和功能性状况
潜望镜检测	检测管道内水面以上的情况，管道长度不宜大于 50 m	观察管道是否存在严重的堵塞、错口、渗漏等问题，镜头保持在水面以上
声呐检测	管道内应有足够的水深，管内水深不宜小于 300 mm	声呐探头的推进方向宜与水流方向一致，并应与管道轴线一致，探头行进速度不宜超过 0.1 m/s
CCTV 检测	不应带水作业。当现场条件无法满足时，应采取降低水位措施，确保管道内水位不大于管道直径的 20%	检测前应对管道实施封堵、导流，使管内水位满足检测要求，在进行结构性检测前应对被检测管道做疏通、清洗

② 管道内混接情况调查

管道内混接情况主要采用仪器来进行探查，首先采用潜望镜对管道内部情况进行检查，查明管道内部是否存在明显的支管暗接或隐蔽接入情况，然后采用 CCTV 检查来确定隐蔽接入或暗接的准确位置，最后根据暗接位置查找上游检查井，根据上游检查井的接入水情况来判断是否存在混接情况。

6. 排查成果

以污水分区为单元，参照《江苏省城镇排水管网排查评估技术导则》《城镇排水管道检测与评估技术规程》(CJJ 181—2012)，形成评估报告书及附图、表。

7. 排水管网 GIS 系统

将排水管网普查资料录入排水管网 GIS 系统，实时动态更新，实现管网管理信息化、账册化管理。

7.3.3 GIS 系统完善

1. 系统概况

徐州市区及铜山区已有较为完备的排水管网系统，具体介绍如下：

(1) 系统介绍

徐州市区排水管网系统是在排水管网普查资料准确、翔实的基础上开发的基于 ArcGIS 平台的排水管网基础信息系统，实现测绘的所有数据数字化、图形化，并且可以进行查询、编辑、管理等功能(图 7.3.14)。

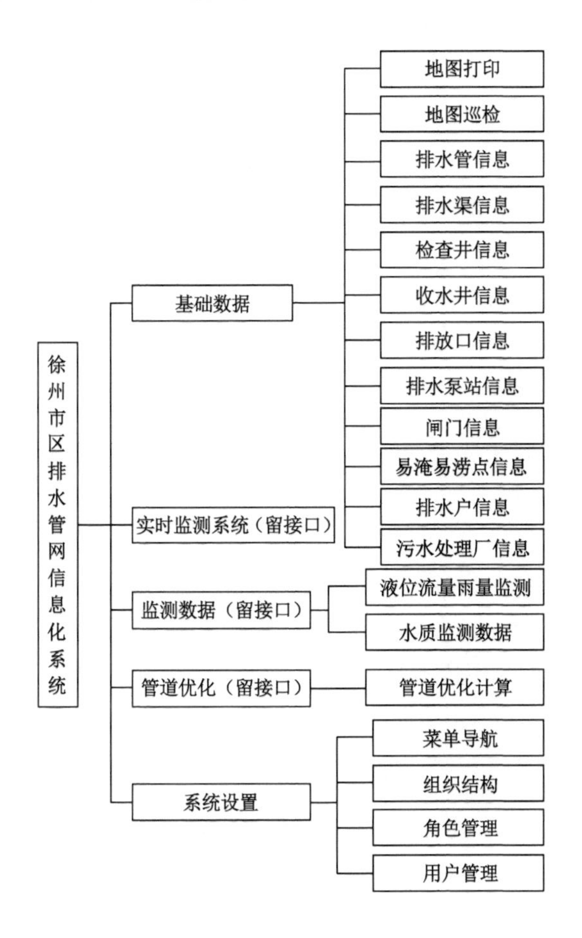

图 7.3.14　徐州市区排水管网信息化系统示意图

信息平台于 2016 年 8 月开始研发，至 2016 年 12 月基本建成，并不断完善。包含的信息有排水管线（雨水、污水、雨污合流）、雨水明渠、管点设施（雨水箅子、检查井、阀口、提升泵站、溢流堰、调蓄设施、截流设施、排放口、排水户）、汇水区、易涝区、污水处理厂等。但数据不限于此。

（2）基本功能

基础数据部分包括地图打印、地图巡检、排水管信息、排水渠信息、检查井信息、收水井信息、排水泵站信息、排放口信息、闸门信息、易淹易涝点信息、排水户信息、污水处理厂信息。

主要建设内容为信息化建设，从功能上分为：信息感知、信息汇总、信息分类与提取、服务与应用、现地控制五个部分；从建设内容上分为：监控中心、视频监控系统、雨量检测系统、现地控制系统、展示系统。

徐州市区排水管网信息化系统主监控中心配置 4 台工作站、4 台工业电视。工作站分为：视频工作站、报表统计工作站、泵闸控制工作站、水情工作站。

截至 2018 年 12 月，全徐州市区排水管网信息化相关视频站点已超过一百个，其中涉及各种水利设施相关视频站点。视频站点采用高清网络设备，按需求选择枪机、球机、摄像头。

(3) 信息化系统建设成果

信息化系统建设主要包括两个方面：

一是数据库的建设，从性质上将管网数据划分为图形数据和属性数据两大内容。图形数据主要包括泵站、污水处理厂等地物要素层、点图层、线图层；属性数据包含了管网中管点机器附属物与管线的基本信息，如管径、管点坐标、埋设日期、连向、权属单位等。

二是信息化系统的研究，建立了既具有地理信息系统共有的数据格式转化、图形管理、数据检索等基本功能，又具备对排水管网及附属设施进行查询、统计、分析和辅助设计等多种功能的排水管线管理信息系统。实现了数据检验、入库功能，数据管理功能，地图管理功能，信息查询功能，数据统计功能，空间分析功能，数据输出功能等。

其中排水管网及专业排水设施的普查成果主要包括以下 6 个方面：

① 排水管(沟)的长度、管径尺寸、坡度、材质、管沟底标高等；

② 检查井和收水井的坐标、地面高程、井盖材质、井室井深、长度、宽度等；

③ 排放口的坐标、尺寸、底部高程、形式等；

④ 排水泵站的坐标、设计和现有排水能力、最低控制水位、服务面积等；

⑤ 闸门的坐标、材质、尺寸、高程、控制类型等；

⑥ 污水处理厂的坐标、规划和现有处理量、出水水质、排放口等。

普查成果为《徐州市城市排水(雨水)防涝综合规划》的编制提供了完整的基础数据，也为《徐州市城区雨污分流整体规划》的编制提供基础数据。经软件分析，证实了数据的真实、可靠、准确。

2. 系统建设完善

排水管网信息化系统的建设完善主要包括 3 个方面：一是根据管网排查成果对系统基础数据进行修正完善；二是推进排水系统物联网建设；三是新建贾汪区、徐州经济技术开发区、徐州高新区排水管网信息化系统。

(1) 对系统基础数据进行修正完善

徐州市区第一轮管网普查主要采用地面人工测量探查技术，当管道内水位较高、管口淤积时，数据测量准确性难以保证，且无法查清管内缺陷情况。而采用以 CCTV 检测作为主要技术手段的管网排查则可清晰地查明管道材质、管径、高程、缺陷、混接情况。本次根据管网排查成果，对排水管网信息化系统基础数据进行完善，修正错误数据，补充上轮管网普查未测数据，补充管道缺陷、混接以及修复情况数据，实现对徐州市区管网基本情况的全掌控。

（2）推进排水系统物联网建设

物联网即“万物相连的互联网”，是互联网基础上延伸和扩展的网络，是将各种信息传感设备与互联网结合起来形成的一个巨大网络，实现在任何时间、任何地点，人、机、物的互联互通。徐州市区排水管网信息化系统已实现一百多个闸站视频监控、立交水位远程监测、闸站远程控制等功能，已初步利用物联网系统实现对主要排水站点的远程管控。

在现有排水管网信息化系统的基础上，推进实施排水系统的物联网系统建设，在排水管网主要节点，如主干管网过河倒虹吸上下游、工业区域管网、出水口等设置流量、水位在线检测设备；在泵站设置水质、流量在线检测设备，并与污水处理厂在线检测设备一起，构建“厂-站-网-河”一体化联动管控系统，实时掌握排水系统运行情况，构建动态数据库，对比分析查找管网渗漏、管网堵塞、清水外入、不达标水排放情况。

徐州市区正在编制排水管网信息化系统二期建设方案，计划投入 4 000 万元，包含排水、城管等多个板块。

（3）新建排水管网信息化系统

在排水管网全面排查的基础上，新建徐州经济技术开发区、贾汪区城市排水信息化管理系统。

城市排水管网信息化管理系统基于物联网理念，采用信息化手段，结合 GIS 展示，全面掌握排水系统的运行情况如管网水位、流量、水质、有害气体浓度、泵站运行状态等，保证排水系统安全高效运行；通过构建安全预警平台，提高应急指挥及快速处置能力；提供科学、先进的城市级水力分析模型，全面评估城市排水管网能力；以城市排水设施数据为基础，结合监控数据、气象预报、雨情信息，为城市排水规划、防涝预测提供决策依据。

7.3.4　管网改造修复

在城市排水管道缺陷问题修复过程中，需对各方面因素进行考虑，包括费用因素、对周边环境影响因素、技术性因素等。针对出现严重错口或下沉等问题，建议采取开挖、重新埋设的方式进行处理。针对管道破损、渗漏或无条件更新管道的问题，建议通过非开挖修复技术进行修复。

1. 非开挖修复技术

城市管网修复由于受场地、交通等限制，主要以非开挖修复为主；对于缺陷严重、已无法采用非开挖修复的，则根据实际情况采用原位拆除重建、另选位置改建等方案。

排水管道非开挖修复方法很多，目前常用的排水管道非开挖修复按技术可分为土体注浆法、嵌补法、套环法、局部内衬、现场固化内衬、螺旋管内衬、短管及管片内衬、牵引内衬、涂层法和裂管法等(图 7.3.15～图 7.3.18)；按修复目的可分为防渗漏型、防腐蚀型和加强结构型三类；按修复范围可分为辅助修复、局部修复和整体修复三大类。

图 7.3.15　不锈钢双胀环局部修复

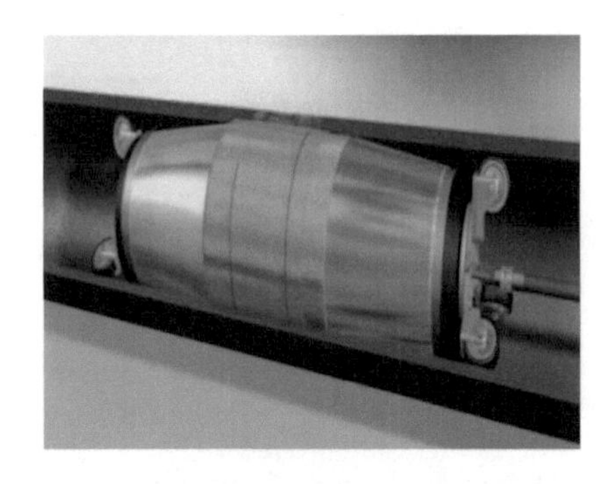

图 7.3.16　局部内衬修复

图 7.3.17　翻转内衬修复

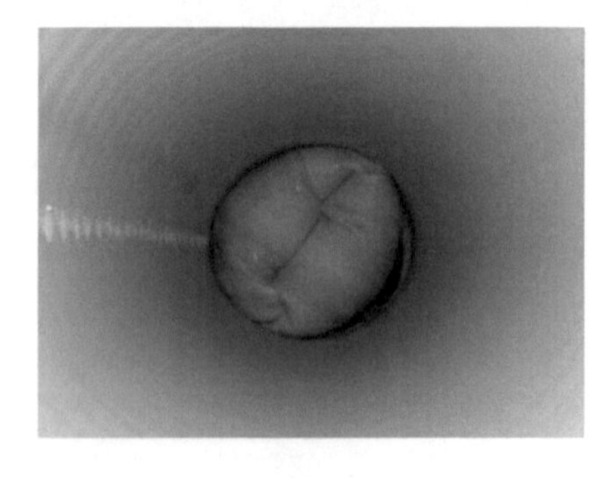

图 7.3.18　内衬修复完成后管道内情况

(1) 辅助修复

辅助修复常用方式为土体注浆法。土体注浆法是较早应用的一种排水管道防渗堵漏和填充方法，通过管内向外或者地面向下对排水管道周围土体和接口部位、检查井底板和四周井壁注浆，填充因水土流失造成的空洞。注浆材料主要为水泥浆液和化学浆液两种。

（2）局部修复

局部修复是对旧管道内的局部破损、接口错位、局部腐蚀等缺陷进行修复的方法，主要适用于管道本身质量较好，仅出现少量局部缺陷的情况。常用工艺有嵌补法、套环法和局部内衬法。

① 嵌补法

嵌补法是将发生渗漏的接缝、管道局部破损处清理干净后，采用刚性或者柔性材料进行找补的局部修复技术。常用的刚性材料有双A水泥砂浆，柔性材料为聚氨酯。嵌补法存在着质量不够稳定的问题，在地质条件较好而经费又不足的情况下可选择使用。

② 套环法

套环法为局部修复常采用的方法，施工时在接口部位或局部损坏部位安装止水套环。常用的套环法有不锈钢双胀环局部修复、不锈钢发泡筒局部修复等。套环法的质量稳定性较好，而且施工速度快。徐州最早于20世纪90年代在云龙山东侧排水管道中采用不锈钢双胀环修复排水管道，现状运行良好。

③ 局部内衬法

局部内衬法是将整体内衬运用于局部修复的方法。利用毡筒气囊局部成型技术，将涂灌树脂的毡筒用气囊使之紧贴母管，然后用紫外线等方法加热固化。

（3）整体修复

整体修复是对两个检查井之间的管段整段加固修复的方法。对管道内部严重腐蚀、接口渗漏点较多以及管道的结构遭到多处损坏或经济比较不宜采用局部修复的管道采用整体修复可以达到整旧如新的效果。

① 现场固化内衬

现场固化内衬是一种全新的排水管道非开挖整体修复技术，将浸满热固性树脂的毡制软管通过翻转或牵引等方法将其送入已清洗干净的需要修复的管道中，并通过水压或气压使其紧贴于管道内壁，随后进行加热固化，形成内衬树脂新管。现场固化内衬是目前常用的整体修复技术。

② 螺旋管内衬

螺旋管内衬是通过安放在井内的制管机将塑料板带绕制成螺旋状管不断向旧管道内推进，在管内形成新的内衬管的修复方法。修复后的管道内壁光滑，输送能力比修复前的混凝土管要好，适合长距离的管道修复。

③ 短管及管片内衬

短管及管片内衬是既可以对排水管道进行非开挖整体修理，也可以进行局部修理的方法。将特制的塑料短管或管片由检查井进入管内，组装成衬管，然后逐节向旧管内推进，最后在新旧管道的空隙间注入水泥浆固定，这种复合结构内衬管是在旧的管道中形成“管中管”，使修复后的管道结构性能加强，延长了使用寿命，但该方法的管道横截面面积损失较大。

④ 牵引内衬

牵引内衬是对排水管道非开挖整体内衬进行修理的方法，采用牵引机将整条塑料管由工作坑或检查井牵引拉入旧管内，然后进行形状复原形成新的内衬管。

⑤ 涂层内衬

涂层内衬主要用于防腐处理，对渗漏也有一定的预防作用。涂层内衬对施工前的堵漏和管道表面处理有较严格的要求，施工质量受操作环境和人为因素影响较大，稳定性和可靠性比较差，检查和评定涂层质量也比较困难。目前新推出的 CCCP 内衬技术，除可解决渗漏问题外，对结构亦可进行补强。

非开挖修复技术也存在局限性，排水管道能否采用非开挖修复技术修复应对需要修复管道损坏情况、所处环境和修复后能达到的功能等进行综合考虑，修复前需要进行管道信息收集、损坏检测和评估、修复技术选择等程序。非开挖修复技术的选择见表 7.3.2。

2. 徐州市区非开挖修复技术使用情况

自南宋至清咸丰五年(1855 年)，黄河在徐州流淌了 600 余年，除了给徐州带来深重的水患以外，还造就了徐州市区地下粉砂、粉土地质层，该土层土质较细，易随水流失，对管道敷设及管道运行极为不利，徐州市区因管道渗漏造成的地面塌陷频发。

一直以来，徐州市区管道修复以注浆、堵漏、局部修复及开挖重建为主。2014 年，故黄河青年路段地面发生大面积塌方，经视频检测后发现，因排水管建成年代较远，管道严重渗漏，造成周边土体流失，致使地面塌陷。而该段截污管埋深约 6 m，西邻故黄河，东靠建筑物，周边还有大量其他管线，无法进行开挖重建，经多次研究，决定采用非开挖修复技术，并组织人员到上海学习，最终采用现场固化整体修复＋注浆技术，对该段约 60 m 管道进行了修复，取得了不错的效果。自 2014 年起，徐州市已对市区多条存在缺陷的管道进行了修复，保证了管道的有效运行，保障了居民人身财产安全。徐州市区管网修复情况见表 7.3.3。

表 7.3.2 非开挖修复技术选择表

修复技术	土体注浆	裂缝嵌补	不锈钢双胀环	不锈钢发泡筒	局部现场固化	现场固化内衬	机械制螺旋管内衬	短管焊接内衬	折叠管牵引内衬	水泥基聚合物涂层
适用管径	所有	大于等于 800 mm	大于等于 800 mm	150～1 800 mm	200～1 800	150～2 200 mm	150～3 000 mm	50～2 400 mm	300～600 mm	大于等于 800 mm
适用管材	所有	钢筋混凝土管	所有	钢筋混凝土管	所有	所有	所有	钢筋混凝土管	所有	钢筋混凝土管
适用时效	临时、永久	临时、永久	临时、永久	临时、永久	临时、永久	永久	永久	永久	永久	临时、永久
止水		√	√	√	√	√	√	√	√	
恢复强度						√	√	√	√	
适用损坏类型										
破裂			√	√	√	√	√	√	√	√
变形			√		√	√	√	√	√	√
错节	√	√	√		√	√	√	√	√	√
渗漏	√	√	√	√	√	√	√	√	√	√
腐蚀						√	√	√	√	√
优点	施工方法简单，止水有效。可填充土体空隙，增加承载力	柔性、抗变形、经济性和可操作性好，不影响过流	施工速度快，质量稳定性较好	施工速度快，止水效果好，使用寿命长，可带水作业	施工速度快，耐腐蚀，使用寿命长	施工速度快，耐腐蚀，耐磨损，防渗，整体修复效果很好	可带水操作，施工速度快，耐腐蚀，独立承载性，使用寿命长	施工速度快，强度高，接口质量可靠，设备简单，价格低	速度快，相对价格低	柔韧性好，施工方便，无接缝，设备简单，价格便宜
缺点	需要配合其他方法使用	不适合 800 mm 以下管道	影响过流，不适用于绞车疏通	影响过流，不适用于绞车疏通	材料成本很高，修复成本高，施工技术要求高	材料成本较高	材料成本较高	管道修复后，断面损失比较大	断面的损失较大，仅适用于小管径，施工安全性较差	接口多，对管道表面处理要求高，工期长
造价	低	低	高	高	高	较高	高	中	中	中

表 7.3.3 徐州市区管道非开挖修复统计表

序号	管段	管径	建成年代	修复时间	修复技术	运行情况
1	故黄河截污管青年路段	DN800	20 世纪 90 年代	2014 年	注浆＋现场固化内衬	良好
2	故黄河截污管淮海路至和平路段	DN800、DN1000、DN1200	20 世纪 90 年代	2015 年	注浆＋现场固化内衬	良好
3	和平路排水管沟	DN1200、DN1500、暗涵		2015 年	注浆＋现场固化内衬及 CCCP 喷涂内衬	良好
4	龙亭污水处理厂主干管	DN1800、DN2000	2012 年	2016 年	注浆＋不锈钢双胀环局部修复	良好
5	故黄河截污管三环西路至中山路	DN600、DN800	20 世纪 90 年代	2016 年	注浆＋不锈钢双胀环及局部固化内衬	良好
7	中山泵站出水管	DN800	2005 年	2016 年	注浆＋不锈钢双胀环	良好
8	珠江路排水管道	DN1000、DN1200	2011 年	2017 年	注浆＋不锈钢双胀环	良好
9	奎河污水管道(姚庄闸至欣欣路)	DN1000	2012 年	2017 年	注浆＋不锈钢双胀环	良好

3. 工程任务

根据已检测管网情况，徐州市区排水管网缺陷较为严重，是造成污水处理系统效能低下的关键原因之一。为提高污水处理系统效能，按照“轻重缓急、做一片成一片”原则，分片推进徐州市区管网改造修复。

2020 年先行对市管范围内存在缺陷的过河管以及管网排查过程中发现的严重缺陷点进行改造修复。

2021 年对新城区污水处理厂片区、西区污水处理厂片区、丁万河污水处理厂片区、奎河污水处理厂片区、经济开发区污水处理厂片区、大庙污水处理厂片区缺陷管网进行改造修复。

荆马河污水处理厂片区、三八河污水处理厂片区、铜山区新城污水处理厂片区、龙亭污水处理厂片区、贾汪新城污水处理厂片区缺陷管网改造修复根据排查情况列入后续计划。

7.3.5 管网混接错接改造

1. 存在问题

新城区及经济开发区采用雨污分流制，雨污水管网较为健全，但根据初步摸排，雨污混接按主体可分为五大类：一是市政混接，包括支管错接，雨、污水管道连通等；二是住宅小区混接，包括小区内部道路下水管道未分流或混接，阳台污水接入雨水管道，与市政雨污混接等；三是企事业单位混接，包括单位内部道路下水管道未分流或混接、出门管错接等；四是沿街商户混接，包括沿街商铺下水管道私接、错接等；五是其他混接，包括露天洗车、临时大排档违法倾倒等。

2. 改造方案

（1）市政混接

对于市政污水管道接入市政雨水管道，应封堵所接入的污水管道，并将污水管道改接入污水排放系统，所封堵的污水管道填实处理。对于市政雨水管道接入市政污水管道，应封堵所接入的雨水管道，并将雨水管道改接入雨水排水系统，所封堵的雨水管道填实处理。对于市政合流管道接入市政雨水管道，应对合流管道实施雨污分流改造。如暂不具备雨污分流改造条件的，在核实计算的基础上，按《室外排水设计标准》（GB 50014—2021）的要求加设截流系统，将截流的旱天污水和雨天部分雨污混合水截流至市政污水管道。

（2）住宅小区混接

居住小区屋面雨水立管如存在生活废水接入问题，可将现有雨水立管保留作为生活废水收集管并接入小区污水系统内，同时新建屋面雨水立管；或新建废水立管接纳生活废水，并接入小区污水系统内。小区内部雨污合流的，若现有管道运行情况良好，可视情况新建雨水或污水管道，并对应接入市政雨污水管道。对于小区雨污水管道与市政管网混接的，应对混接点进行改造，对应接入市政雨污水管道。

居住小区混接改造，老旧小区结合老小区改造一并实施；按照雨污分流要求建设而出现混接的新建小区，由开发商整改。

（3）企事业单位混接

企事业单位雨污混接改造方案基本同居住小区，但对于医疗等特殊废水，应按相关要求预处理，即水质满足有关标准要求，不影响城镇排水管渠和污水处理厂等的正常运行；不对养护管理人员造成危害；不影响处理后出水的再生利用和安全排放；不应影响污泥的处理和处置。

企事业单位混接改造原则上由各单位自行负责实施，排水管理单位负责监督验收。

（4）沿街商户混接

对于沿街商户污废水接入市政雨水管道，应对所接入的污水管道进行封堵，并将其接入市政污水排水系统，所封堵的污水管道填实处理；对于商户较密集的，可将多个排水点串联后再接入市政污水排水系统。

(5) 其他混接

对于未按相关法规要求排放污废水的露天洗车、大排档等单位场所,应加大执法力度,督促其按要求整改,严禁污废水接入雨水管道。

3. 工程任务

在管网全面排查的基础上,对采用雨水分流制、管网较为完善的区域进行雨污分流改造。具体区域见图 7.3.19。

图 7.3.19 雨污混接改造片区示意图

(1) 新城区片区雨污混接改造

新城区改造范围为南到黄河路至连霍高速、北(西)至彭祖大道、东至故黄河,面积约 29.5 km^2。

(2) 经济开发区房亭河(大庙闸上)片区雨污混接改造工程

雨污混流入河排口 23 个(其中三八河 7 个,老房亭河 2 个,房亭河 10 个,杨山大沟 2 个,芦庄大沟 1 个,李井大沟 1 个),雨污混接点 46 处(其中三八河 19 处,老房亭河 5 处,房亭河 15 处,杨山大沟 5 处,芦庄大沟 1 处,李井大沟 1 处)。改造雨污混接小区 36 个,主要包含阳台落水改造、小区雨污分流改造。

7.3.6 新建管网

结合道路新建改造、片区拆迁建设等新建排水管网,完善徐州市区排水系统，共新建排水管网 608.19 km（含雨污分流、消除空白区工程新建管网），其中污水管网 380.73 km，雨水管网 227.46 km。

1. 结合道路建设

结合和平路西延一期、韩山路、中山北路、三环南路等 72 条道路建设，共新建雨污水管道 312.46 km，其中污水管道 134.88 km，雨水管道 177.58 km。

徐州市级：结合彭祖大道、马洪路、迎宾路、纵三路、卧牛山路、润湖南路（支路 10）、和谐北路（支路 11）、汉景大道、淮海东路东延、泉润大道、复兴路南延一期、新元大道北延、解放北路、杏山子大道、纵五路、奎河两岸路、三环南路、徐丰路、和平路西延一期、韩山路、中山北路、淮塔东路东延一期等 22 条道路建设新建雨污水管网。

鼓楼区：结合琵琶路、沈孟大道、八里大道、白云定销房西路、殷庄南路、琵琶花园中路、丁万河南路、海鸥路、李沃南路、李沃北路、李沃东路、徐矿西定销房配套道路、新台一路等 13 条道路建设新建雨污水管网。

泉山区：结合康路、纬二路二期、纬三路二期、经四路二期、经一路二期、康乐北路、康乐南路、宏盛南路、开源路等 9 条道路建设新建雨污水管网。

云龙区：结合元和路、小韩小学配套道路、经 13 路、青海路、金沙路、经 16 路、检验检测园区道路、丽水路等 8 条道路建设新建雨污水管网。

贾汪区：结合中东方一路、夏桥一路、夏桥二路、夏桥三路、中旺路、劳工街、交易中心、经十八南路南段等 8 条道路建设新建雨污水管网。

开发区：结合鲲鹏路北延、工业路、玉湖路东延、鸿达路南延、合景珑湾北侧路、东湖一号路、高新路东侧 2019-15 号地块配套道路、美的东湖天城地块配套道路、大湖水库路南北向路、大湖水库路东西向路等 10 条道路建设新建雨污水管网。

高新区：结合长安路道路改造、206 国道连接线建设新建雨污水管网。

2. 奎河片区污水管网建设

为完善奎河片区污水管网，保证奎河断面水质达标，实施侯山窝大沟截污管工程、泰奎大沟污水管工程、二环西路污水管道工程等 58 项工程，共新建污水管道 60.4 km。

徐州市级：实施北京路（三环南路至欣欣路）、西三环（矿山路至故黄河）、解放南路（溢洪道至轨道和平路站）、溢洪道南岸（泰山路至解放路）、奎山路（解放路至奎河）、软件园路（金山东路至奎淮路）、金山东路（部队至解放南路）、西安南路（建国路至苏堤路）、西安路（明理巷至建国路）、西安北路（环城路至故黄河截污管）、建国西路（西安路至奎河）、夹河街（中山路至西安路）、夹河东街（中山路至解放路）、二轻路（新淮海西路至老淮海西路）、湖滨路（二环西路至韩山路）、二环西路(段庄广场至湖北路)、煤建路(翠湖御景东大门至八一大沟)、湖北路(隧道口至黄茅岗污水提升泵站)含湖北路过路管、工农南路(湖滨路至湖北路)、王陵路(苏堤路至中山路)、和平路(云龙公园公厕至奎河)、黄茅岗泵站污水压力管(解放路至奎河西岸新建污水管)、泰山路(凤鸣路至解放路)、解放南路(凤鸣路至轨道四院站)、凤鸣路(泰山路至解放路)、民主北路(大马路至解放路)等 26 项污水管网工程。

鼓楼区:实施中学街(民主路至解放路)、镇河街(民主北路至黄河西路)、镇河东街(民主北路至阳光慧谷小区)污水管网工程。

云龙区:实施丰储街(奎河至民主南路)、云东商业街(云东路)污水管网工程。

泉山区:实施金阳西路(新淮海西路至韩山路)、金阳路(雁山西路至二轻路)、雁山路(老淮海西路至金阳路)、纺织东路(建国路至湖北路)、吴庄路万达兴路(苏堤路至湖北路艺术馆截污管)、中枢南街(淮海西路至奎河)、福顺路(夹河街至中枢南街)、富国街(中山路至立达路)、凤台路片区道路污水管网(含凤鸣1～4 巷)、奎淮路污水管网(侯山沃社区卫生站至奎河)、侯山沃大沟截污管(12 军围墙至奎河)、侯山窝路(解放南路至侯山沃社区支路)、经武路(金山东路至泰安路)、学城路(学府路至金山东路)、学府路(解放路至文华路)、新泰路(三环南路至金山东路)、泰奎大沟污水管(三环南路至金山东路)、彭城大院北侧(迎宾大道至奎河)、新泉路(梨园路至奎河)、嘉和路(三环南路至翟北路)、嘉美路翟北路(泉新路至北京路)、双山路(双山水库至三环南路)、风华南路(三环南路至芙蓉南苑小区)、翟北路(京沪铁路西侧路至北京路)、翡翠路(北京路至京沪铁路西侧路)、工程学院宿舍南路(奎河西岸至铁路)、翟南路(风华南路至北京路)等 27 项污水管网工程。

3. 三八河片区污水管网完善

为完善奎河片区污水管网,保证三八河断面水质达标,实施黄山路、德政路等 22 条道路污水管网工程,共新建污水管道 26.95 km。

徐州市级:实施和平路(津浦东路至金狮大沟)、金狮大沟(世茂东都汉之源小区至三环东路)、郭庄路(津浦东路至三环东路)、郭庄路(汉源大道至三环东路)、民祥园路(城东大道至老房亭河)、三环东路污水管网(三环东路五山公园 C 线道路污水管网过路管、西侧响山路至铜山路、东侧东兴物资市场至故黄河北岸污水管)等 6 项污水管网工程。

云龙区:实施黄山路(三环东路至黄山大道)、德政路(城东大道至郭庄路南云龙区综治中心)、香山路(淮海东路至铜山路)、黄山大道(三环东路至民祥园路)、响山南路(德义山庄至铜山路)、津浦东街(津浦东路至铜山路)、徐州医科大学(三道中河西岸、穿河东至云苑路)、瑞丰花园东路(新淮海东路至铜山路)、广山西路(新淮海东路至三环东路)、民祥园路(郭庄路至大郭庄派出所)、备战路(郭庄路至铁路)、庆丰路南段(郭庄路至铁路)、美的南巷(三八河至民祥园路)、绿苑路(德政路至民祥园路)、云祥路(民祥园路至庆丰路)、圆梦东路(津浦东路至铜山路)等 16 项污水管网工程。

4. 水务计划建设

实施矿山东路排水管网工程、夹河西街排水管网工程、津浦东路排水管网工程等 33 项工程，共新建雨污水管道 129.14 km，其中污水管道 108.26 km，雨水管道 20.88 km。

徐州市级：实施二环北路西延排水管网工程、建国路污水管网工程、民祥园路污水管网工程、时代大道东延排水管网工程、西阁街污水管网工程、黄河北路污水管网工程、津浦东路排水管网工程、夹河西街排水管网工程、城东大道污水管网工程、环泉润公园排水管网工程、复兴北路污水管网工程、矿山东路排水管网工程、王窑河污水主管网工程、工农路大沟南延工程、二环西路大沟南延工程、彭祖大道污水干管工程等 16 项工程。

云龙区：实施一道中沟东侧污水管道工程、肖庄河截污工程、徐州市云龙区汉文化景区外围市政道路排水改造工程等 3 项工程。

经济开发区：实施金港路(金凤路至金凤路东 500 m 加油站)污水管网工程、金港路(宝通路至大晶圆污水处理厂)污水管网工程、宝通路污水管网工程、金凤路污水管网工程等 4 项工程。

贾汪区：实施潘安新城污水主干管工程、潘安湖片区污水终端设施等 2 项工程。

高新区：实施北京南路(新庄至焦山河)污水管网配套工程、珠江东路污水完善工程、北京南路(G206)南段污水管网工程、拖龙山片区基础设施建设工程等 4 项工程。

铜山区：实施滦河路截污闸改造工程、楚河北岸污水管网工程、运河路南侧污水管道工程、玉泉河北岸污水提升泵站及管网工程等 4 项工程。

第8章 徐州市厂站能力建设与提升

8.1 污水处理厂

8.1.1 污水处理厂服务分区调整

污水处理厂的服务范围一般依据行政辖区；分片依据以收集难度小、处理高效、接管方便为原则，考虑到徐州市地形特点，在《徐州市主城区污水治理规划(2014—2020)》的基础上，适当调整相邻污水处理厂边界范围(表8.1.1)。

表8.1.1 徐州市区污水处理厂服务范围统计表

序号	污水厂名称	服务面积/km^2
1	荆马河污水处理厂	43.03
2	三八河污水处理厂	35.11
3	奎河污水处理厂	51.81
4	铜山区新城污水处理厂	45.40
5	龙亭污水处理厂	96.96
6	西区污水处理厂	32.65
7	丁万河污水处理厂	74.96
8	新城区污水处理厂	108.15
9	经济开发区污水处理厂	28.15
10	大庙污水处理厂	73.05
11	贾汪城区污水处理厂	108.00
合计		697.27

调整情况如下：

(1) 三八河污水处理厂范围

面积调增部分：高铁站东片区3 km^2不属于三八河污水处理厂服务范围，现已接入该厂。

面积调减部分：故黄河两岸七里沟、文博园片区现已接入奎河污水处理厂；

由于三八河污水处理厂已无扩建空间，同时考虑管网运行经济性，将大郭庄片区划入新城区污水处理厂范围。

调整后，三八河污水处理厂服务范围：西至津浦铁路，北至杨山，南至陇海铁路，东至连霍高速，服务面积 35.11 km^2。

(2) 奎河污水处理厂范围

面积调增部分：故黄河两岸七里沟、文博园片区，现已接入该厂。

面积调减部分：矿山路以北、矿山东路以西、黄河以南片区，面积 2 km^2，距离奎河污水处理厂较远，而紧邻西区污水处理厂，本次将该片区划入西区污水处理厂服务范围。

调整后，奎河污水处理厂服务面积 51.81 km^2。

(3) 西区污水处理厂范围

面积调增部分：矿山路以北、矿山东路以西、黄河以南片区，面积 2 km^2。

调整后，西区污水处理厂服务范围：北至陇海铁路，南至汉王，西至主城区边界，东至三环西路、矿山东路，服务面积 32.65 km^2。

汉王片区不属于西区污水处理厂服务范围，现状污水暂时接入西区污水处理厂进行处理，由于转输距离过长，需多级提升，且西区污水处理厂规模有限，规划汉王片区远期新建污水处理厂。

(4) 新城区污水处理厂范围

面积调增部分：本次规划将大郭庄片区划入新城区污水处理厂服务范围。

调增后，新城区污水处理厂服务范围主要为新城区和云龙区南部片区，服务面积 108.15 km^2。

(5) 大庙污水处理厂范围

原规划东贺庄污水处理厂服务范围划入大庙污水处理厂，调增后大庙污水处理厂服务范围西至京沪铁路及高速公路，南、北、东至主城区边界，服务面积 73.05 km^2。

(6) 贾汪城区污水处理厂范围

根据《徐州市贾汪区潘安新城控制性详细规划(2019)》，将潘安新城铁路以北片区污水排入贾汪城区污水处理厂，铁路以南片区污水排入大吴污水处理厂，即：贾汪城区污水处理厂在现状汇水范围基础上增加潘安新城铁路以北片区，服务范围由 62.7 km^2 增加至 108 km^2。

8.1.2　污水处理厂扩容建设

根据《徐州市主城区污水治理规划(2014—2020)》《徐州市城市雨污分流专项规划(2018—2025)》中各污水厂规划规模，并结合污水处理厂分区，基本维持各污水处理厂原规划规模，调整后各污水处理厂规划规模如表 8.1.2 所示。

表 8.1.2　徐州市区污水处理厂规划规模统计表

序号	名称	服务面积 /km^2	已建规模 /(10^4 t/d)	2018 年处理量 /(10^4 t/d)	原规划 2020 年规模 /(10^4 t/d)	调整后 2020 年规模 /(10^4 t/d)
1	荆马河污水处理厂	43.03	15.00	16.72	15.00	20.00
2	三八河污水处理厂	35.11	7.00	7.38	12.00	12.00
3	奎河污水处理厂	51.81	16.50	17.24	16.50	20.00
4	铜山区新城污水处理厂	45.40	2.00	1.95	2.00	2.00
5	龙亭污水处理厂	96.96	9.00	9.36	13.50	9.00
6	西区污水处理厂	32.65	2.00	1.69	4.00	4.00
7	丁万河污水处理厂	74.96	2.00	1.00	6.00	2.00
8	新城区污水处理厂（含大郭庄片区）	108.15	2.50	2.72	5.00	5.00
9	经济开发区污水处理厂	28.15	4.50	3.93	4.50	5.50
10	大庙污水处理厂（含东贺片区）	73.05	3.00	1.38	6.00	3.00
11	贾汪城区污水处理厂	108.00	5.00	4.23	5.00	8.00
合计		697.27	68.5	67.60	89.50	90.50

污水处理厂扩容建设内容如下：

(1) 西区污水处理厂二期改扩建工程：二期扩建规模 2×10^4 t/d，总规模达到 4×10^4 t/d。

(2) 荆马河污水处理厂三期扩建工程：三期扩建规模为 5×10^4 t/d，总规模达到 20×10^4 t/d。

(3) 新城区污水处理厂二期改扩建工程：二期扩建规模 2.5×10^4 t/d，总规模达到 5×10^4 t/d。

(4) 奎河污水处理厂提标改造工程：新建地下式奎河污水处理厂，设计处理规模 20×10^4 t/d。

(5) 三八河污水处理厂三期改扩建工程：三期扩建规模为 5×10^4 t/d，总规模达到 12×10^4 t/d。

(6) 贾汪城区污水处理厂扩建工程：在现有贾汪城区污水处理厂南侧新建三期，规模 3×10^4 t/d，总规模达到 8×10^4 t/d。

(7) 经济开发区污水处理厂扩建工程：对经济开发区污水处理厂进行扩建，

扩建规模 1×10^4 t/d，总规模达到 5.5×10^4 t/d。

总扩建规模 22×10^4 t/d，扩建后徐州市区污水处理厂总规模达到 90.5×10^4 t/d。

8.1.3　污水处理厂连通

目前铜山区新城污水处理厂、奎河污水处理厂与龙亭污水处理厂已实现互联互通，徐州市老城区及铜山区城区多余污水通过泵站提升进入龙亭污水处理厂处理，有效保证了城区水环境质量。在此基础上，通过工程措施，进一步扩大了主城区污水处理厂连通范围，提高了城市污水处理设施运行的安全性，规划后期结合大郭庄片区开发实施三八河污水处理厂与新城区污水处理厂连通工程（图 8.1.1）。

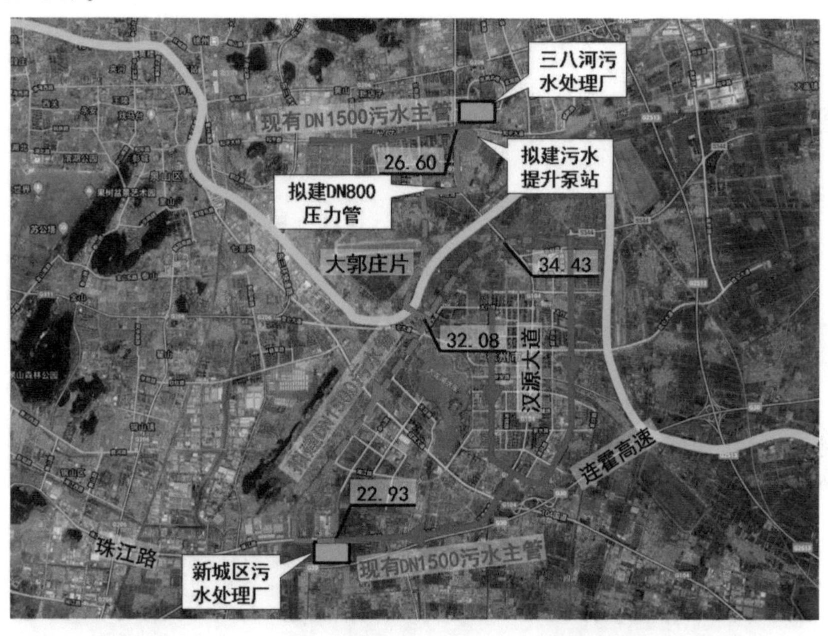

图 8.1.1　三八河污水处理厂与新城区污水处理厂连通示意图

三八河污水处理厂扩建后处理规模达到 12×10^4 t/d，目前实际进水量 8.5×10^4 t/d，周边已无扩建空间，随着乔家湖片区、高铁片区开发建设，片区入住率上升，远期三八河污水处理厂将无法满足片区污水处理要求，三八河片区面临着污水无处去的风险。

按照雨污分流规划，为收集彭祖大道以北、故黄河以南片区以及大郭庄片区污水，拟沿彭祖大道（汉源大道至污水处理厂）新建 DN1000～DN1500 污水主干管;结合大郭庄机场片区开发建设,拟沿云苑路陇海铁路以南段新建污水干管,接入彭祖大道拟建污水主干管。结合上述两条规划主干管建设,拟在汉源大道与三八河交汇处东南角新建污水提升泵站1座,沿汉源大道向南新建DN800压力管至郭庄路,再沿郭庄路向西至云苑路,结合云苑路下穿陇海铁路通道建设向南过铁路后接入云苑路大郭庄段污水干管,从而连通三八河污水处理厂与新城区污水处理厂。污水泵站设计规模 4×10^4 t/d,DN800压力管总长3 km。

8.1.4 再生水利用

徐州市是一座缺水型城市,城市的污水再生回用对解决水资源紧张、降低用水成本具有重要意义。为有效、系统地开发中水资源,徐州市目前正在编制中水回用规划,计划将城市污水二级处理后的中水作为原水,根据需要进行深度处理,供给工业生产、城市绿化、市政用水等。

8.2 污水提升泵站新建改造

8.2.1 新建污水提升泵站

徐州市区多个片区目前污水管网已基本成型,但因污水提升泵站建设滞后,致使片区污水无出路。根据《徐州市主城区污水治理规划(2014—2020)》《徐州市城市雨污分流专项规划(2018—2025)》及现状实际情况,拟新建污水提升泵站6座,规模见表8.2.1,位置如图8.2.1所示。

表8.2.1 新建污水提升泵站一览表

序号	泵站名称	位　　置	占地面积/m^2	规模/(10^4 t/d)	备注
1	昆仑大道污水提升泵站	昆仑大道与故黄河交叉口东南侧	1 000	1.5	
2	彭祖大道污水提升泵站	彭祖大道与徐贾快速路西北角	1 400	3.0	
3	泉润大道污水提升泵站	泉润大道与杏山子大道交叉口西北角	1 200	2.5	
4	丁万河4#污水提升泵站	腾达路与纵一路交叉口西南角	1 000	1.5	
5	城南污水提升泵站	206国道与铁路东沟交叉口东南角	3 000	3.2	
6	高新路污水提升泵站	不牢河与高新路交叉口东北侧	1 000	1.5	

1. 昆仑大道污水提升泵站

故黄河以东、淮徐高速以西片区属于新城区污水处理厂服务范围,范围内已

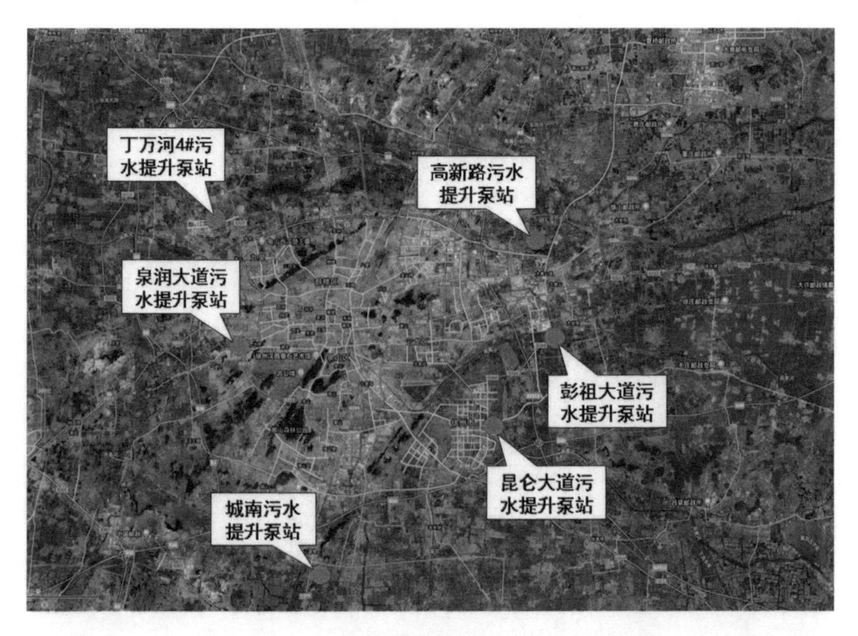

图 8.2.1　新建污水提升泵站位置示意图

建成南京动车段徐州东动车运用所，徐州轨道交通 2 号线场站亦已建成，位置见图 8.2.2。现状：沿昆仑大道敷设有 DN800 污水管道，向西过故黄河至河西岸，末端管内底高程 31.40 m，而河西现有 DN800 污水管道管内底高程 36.09 m。规划拟沿金沙路向南新建 DN800 污水管道，将昆仑大道东段污水接入丽水路污水管道，从而进入新城区污水处理厂主干管，但金沙路近期无修建计划，片区污水无出路。

拟在昆仑大道与故黄河交叉口东南角新建 1.5×10^4 t/d 污水提升泵站 1 座，将片区污水提升后接入昆仑大道河西现有污水管道，以解决故黄河以东、徐淮高速以西片区污水排放问题。

2. 彭祖大道污水提升泵站

东湖新城片区原规划为东贺污水处理厂服务范围，后并入大庙污水处理厂服务范围，目前主要有绿地高铁东城、美的时代城等小区，位置见图 8.2.3。该片区现状：沿徐贾快速通道建有 DN1000 污水主干管及沿彭祖大道建有 DN800 污水管道，徐贾快速通道陇海铁路以北段建有入大庙污水处理厂 DN1000 污水主干管。

拟根据规划，在彭祖大道与徐贾快速路西北角新建 3 万 t/日污水提升泵站 1 座，新建 DN800 污水管道 700 m，将东湖新城片区污水排入大庙污水处理厂。

图 8.2.2　昆仑大道污水提升泵站位置示意图

图 8.2.3　彭祖大道污水提升泵站位置示意图

3. 泉润大道污水提升泵站

海绵城市试点区现状：污水经三环西路 2＃泵站提升后进入三环西路污水主管道，三环西路卧牛山段地势高差达 5 m，泵站扬程高、能耗大；泵站设计规模（平均日）2.3×10^4 t/d，亦不满足远期片区污水排放要求。

根据《徐州市城市雨污分流专项规划(2018—2025)》，在泉润大道与杏山子大道交叉口西北角新建 2.5×10^4 t/d 污水提升泵站 1 座，位置见图 8.2.4，出水经杏山子大道 DN500 压力管道接入徐商路 DN800 污水管道。

图 8.2.4 泉润大道污水提升泵站位置示意图

4. 丁万河 4# 污水提升泵站

城北开发区时代大道以北片区地势较低，片区污水无法自流接入时代大道已建污水管道。区域内永宁汽车博览园、九里驾照考场已建成。现状：沿隆兴路、香山路、兴安路以及邓庄河敷设有污水管道，未与时代大道接通，片区排水无出路。

根据规划，在腾达路与纵一路交叉口西南角新建 1.5×10^4 t/d 污水提升泵站 1 座，位置见图 8.2.5，沿纵一路新建 DN600 出水管 600 m，接入时代大道污水管道。

5. 城南污水提升泵站

北京路以东、大学路以西、206 国道连接线以北、连霍高速以南片区污水通过 206 国道连接线下铺设的污水主干管收集后往东过京沪铁路后管道埋深已达 6 m。为减少管道埋深、方便管道施工和将来对管道的维护管养，在 206 国道与铁路东沟交叉口东南角新建 3.2×10^4 t/d 污水提升泵站 1 座，位置见图 8.2.6，沿 206 国道新建 DN600～DN800 出水管 3.1 km，接入龙亭污水处理厂污水主干管。

图 8.2.5　丁万河 4＃污水提升泵站位置示意图

图 8.2.6　城南污水提升泵站位置示意图

6. 高新路污水提升泵站

开沃新能源乘用车徐州生产基地位于高新路以东、京杭大运河与不牢河之间，项目总投资 70 亿元，2019 年 12 月底生产线顺利投产，为解决基地污水出路问题，在不牢河与高新路交叉口东北侧新建 1 座一体化污水提升泵站，规模 1.5×10^4 t/d，位置见图 8.2.7，将片区污水提升向南过不牢河接入高新路现有污水管道。

图 8.2.7　高新路污水提升泵站位置示意图

8.2.2　污水提升泵站改造

由于污水来水连续且腐蚀性大，泵站集水池应分格，以方便检修维护。目前徐州市区除欣欣路污水提升泵站已进行分格改造外，其余污水提升泵站均为单格，给泵站管理维修带来不便。

袁桥泵站为徐州市区最大污水提升泵站，设计规模 16.5×10^4 t/d。袁桥泵站汇水主管网见图 8.2.8，泵站集水池采用单格设计，由于泵站上游来水量极大，导流困难，泵站清淤、检修极为不便，拟结合奎河综合整治对其进行分格改造。

1. 泵站现状

奎河袁桥污水泵站位于民主南路 360 号、袁桥闸南，建成于 1987 年，为徐州市主城区重要的污水提升泵站，服务故黄河以西、三环西路以东、陇海铁路以南、八一大堤至溢洪道以北区域。袁桥污水泵站现状：日抽排水量约为 16.32×10^4 m^3/d，是徐州市区最大的污水提升泵站，安装 4 台潜污泵，单泵流量 3 400 m^3/h，扬程 10.5 m，单泵功率 140 kW。来水主要为两个方向：一是沿奎河左岸 DN800～DN1500 污水主管道，水量 $(6\sim8)\times10^4$ t/d；二是黄茅岗泵站来水，污水量 $(8\sim10)\times10^4$ t/d。

泵站工艺为：进水闸门井→格栅井→集水井→出水井。进水闸门井平面尺寸 6.1 m×3 m。格栅井、集水井、出水井集成在 1 座方形沉井内，长 14 m，宽 12.5 m，前部 4 m 为格栅井，中部 5.9 m 为集水井，最后 2 m 宽为出水井，中隔

图 8.2.8　袁桥泵站汇水主管网示意图

墙厚 0.3 m。格栅井采用双格设计，每格宽 3.15 m，分别由一根 DN1200 管道与进水闸门井相接。2015 年完成泵站内水泵及出水管更换。泵站现场情况见图 8.2.9 和图 8.2.10。

图 8.2.9　袁桥泵站格栅井

图 8.2.10　袁桥泵站进水闸门井

2. 导流设计

袁桥泵站集水池分格改造施工最大难点为施工导流。徐州市水务局完成的奎河主截污管清淤检测，施工期间采用多点架泵，夜间对上游来水导流，最大导流量约 8×10^4 t/d，取得了较好的效果，但袁桥泵站分格改造期间还需考虑黄茅岗泵站 $(8\sim10)\times10^4$ t/d 来水，导流难度更大。

结合奎河西岸污水主干管建设，袁桥泵站施工期导流方案如下：

(1) 改造黄茅岗泵站出水管，接入袁桥泵站后，黄茅岗泵站现状：出水经DN800压力管，沿溢洪道接至解放路桥东，释放后经DN1200～DN1500重力流管道进入袁桥泵站进水管；奎河整治工程沿奎河西岸新建DN2000污水主管道，向南接入奎河污水处理厂。本次拟结合奎河西岸主截污管建设，沿溢洪道，由解放桥东至奎河西岸拟建DN2000污水干管检查井，新建DN1000压力管道600 m，将黄茅岗泵站出水接至袁桥泵站后，可减少袁桥泵站(8～10)×10^4 t/d进水量。改造后仅需对奎河截污管来水进行导流，黄茅岗泵站出水管改造如图8.2.11所示。

图8.2.11　黄茅岗泵站出水管改造示意图

(2) 加设临时导流泵，导流奎河截污管污水。关闭袁桥泵站进水闸门，在袁桥泵站进水闸门井内架设3台WQ1600-10-75潜污泵，2用1备，敷设临时导流管至站下，导流量约8×10^4 t/d。

3. 分格改造

待导流设施架设完成运行后，对泵站集水池进行清淤清洗，在集水池中间位置新建钢筋混凝土隔墙，厚40cm，长5.4 m，墙顶高程29.66 m(至第一层平台)，下部及两侧钢筋植入井壁内。

8.3　污泥处理处置

8.3.1　存在的问题

徐州市区目前尚无统一的管道污泥处理措施，清淤污泥大部分采用运至农村填埋处理。外运污泥处置大多无固定场地，随机倾倒现象较为严重，污泥随意堆放散发恶臭、传播细菌、污染土地及周边水体、影响居民的正常生产生活；部分淤泥与城市垃圾共同处理，但这部分污泥存放量小、费用高，不可能成为污泥的最终出路。

8.3.2 管道清淤污泥处理设施建设

目前上海、北京、天津、河南、安徽、浙江、湖南、湖北、江苏（苏州、常州）等省市已建成管道清淤污泥处理设施，并投入运行。处置主要是通过振动筛筛分、洗涤转鼓、洗砂装置、精细格栅、砂水分离器、泥浆脱水机来去除各个不同粒径的泥渣，泥渣由车辆外运至最终处理或利用，处理过程中产生的污水收集后就近排入市政管网。同时还配备了臭气处理、尾水处理等其他环保设备。管网清淤污泥处理流程如图 8.3.1 所示。

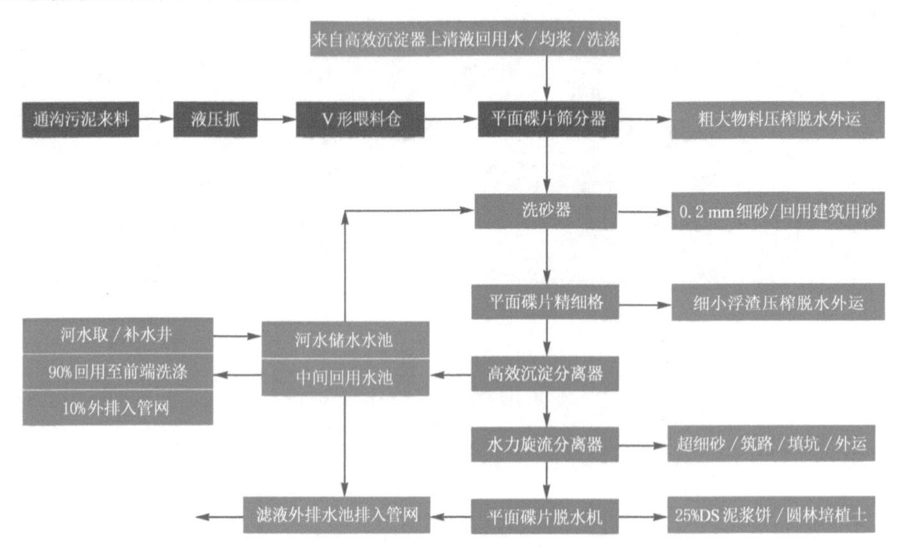

图 8.3.1 管网清淤污泥处理流程图

1. 处理工艺

(1) 进料接受

运输罐车将通沟污泥倾倒排入半地下通沟污泥储泥池。通过储泥池上部的水平振动筛网，将大于 10 cm 的粗大障碍物质振动输送至旁侧螺旋输送带，排入垃圾筐中。

(2) 平衡喂料

在抓斗的作用下，通沟污泥喂入喂料仓；通过喂料仓内的运输螺杆，可将物料连续运输喂入洗涤转鼓。

(3) 均浆/洗涤/粗大物分离

在平面碟片分离装置内将通沟污泥内所有大于 8 mm 的物料分离取出。此时,一些大型有机物质,例如塑料袋、木块等可被手工筛分出来,进行焚烧处理;剩下的是密度较大、颗粒直径大于 10 mm 的石块和石砾,可进行简单填埋处理。筛下物中颗粒直径小于 10 mm 的细砂和沙砾,被进一步送入洗砂装置内进行洗涤处理和砂分处理。洗涤处理之后,0.2 mm 以上的细砂内有机物含量低于 5%,可作为低档建筑材料回收利用。

(4) 洗砂分离

洗砂分离过程中,0.2 mm 以上的细砂被分离处理后,上部溢流液连同有机物作为液体排入精细过滤装置进行深度过滤处理。精细过滤装置可将有机筛渣物质(1～10 mm)分离出来,并通过纤维物料输出螺旋输送机压榨后送至栅渣车贮存并外运。

(5) 平面碟片精细过滤

经精细格栅过滤后滤液进入中间水池,由渣浆泵泵入高效沉淀器分离,净化后的水 90%接入回用水池回用于前工段预洗涤分离,过量水溢流入城市管网,厚浆进入水力旋流分离器去除超细颗粒砂。

(6) 超细砂分离

水力旋流分离器分离 40 μm 以上砂粒的效率可达 90%以上。水力旋流分离器排出的细砂进入砂水分离器进一步沉淀压榨,将细砂排出外运,可用作筑路、填塘回填材料。

(7) 泥浆脱水

厚浆水力旋流分离器的出水进入平面碟片脱水机脱水,脱水滤液排入城市管网,脱水后 25%DS 泥浆饼运输填埋场填埋。

2. 处理成本

使用水力筛分同类工艺或类似工艺的可参照《关于发布〈上海市排水管道设施养护维修定额〉、〈上海市排水泵站、污水厂设施运行维修定额〉等养护定额及经费定额 2019 年度现行价单位估价表的通知》(沪水务定额［2019］2 号文)结算相关费用,使用其他工艺的按实测结算。

定额价如下:通沟污泥处置(含运距 22 km、不含特细砂处理):综合单价 169.45 元/t、运费 8.81 元/t。

通沟污泥处置(含运距 22 km、含特细砂处理):综合单价 194.43 元/t、运费 8.81 元/t。

以上综合单价是除税价。

3. 处理设施建设

在徐州市循环经济产业园以及贾汪区各设管网清淤污泥处理设置1座。

规划在徐州循环经济产业园内新建管网清淤污泥处理设施1座，主要处理徐州市主城区范围内管道清淤污泥。根据徐州市区管网清淤经验测算，一期规模设计处理量为60 m^3/d(8 h工作)，可应对120 m^3/d(16 h工作)峰值处理量。由于管网污泥清掏具有季节性(一般3～5月为例行管网清淤时段)，规划在产业园内配套污泥堆场1处，以进行错峰调节。

第9章 徐州市区污水处理厂“一厂一策”

9.1 基本情况

丁万河污水处理厂位于徐州市九里拾屯庞庄村东，主要处理生活污水和部分工业废水，总规划规模 1×10^5 t/d，已建 2×10^4 t/d，处理工艺为改良 A2/O+高效混凝沉淀+转盘过滤+紫外消毒，占地面积 3.07×10^4 m^2。主要服务范围：北至九里湖、南至九里山和陇海铁路、西至故黄河、东至京杭大运河，包括鼓楼工业园区和万寨片区，服务面积 74.96 km^2。尾水达到一级 A 标准，排入刘楼大沟。

9.2 排水体制

丁万河污水系统收集已建区域和新建区域内的污水。已建区域的排水体制为截流式雨污合流制；新建区域采用雨污分流制。

9.3 现有管网分布

丁万河污水处理厂现有配套管网总长 61.5 km，现有管网不完善。

丁万河以南区域，现有污水管网沿丁万河南岸（DN600～DN1000）敷设主干管，经天齐路泵站提升后，沿山水东路（DN1000）接入三环北路现有 DN1200 污水主干管。

丁万河以北至铁路区域，现有污水管网沿时代大道（DN800）、徐丰路（DN800）、三环北路（DN800～DN1200）、马洪路（DN1200）、华润路（DN800）、育才东路（DN1000）、经十三路（DN1000）敷设主干管，进入丁万河污水处理厂。

9.4 进水水质及负荷率

由于管网渗漏、工业废水进入等原因，丁万河进水浓度严重偏低，2018 年进水平均 BOD 浓度在 35.36 mg/L。

2017 年以前，丁万河污水处理厂负荷率严重偏低，不足 30%；2017 年，随着黑臭河道整治项目实施，沿河建设截污管道，污水收集率有所增加，负荷率达到 40%以上；2019 年 5 月，徐丰公路污水提升泵站投入运行，负荷率达到 80%。

根据徐州建邦环境水务公司检测，丁万河污水处理厂各方向来水水质情况如下(图 9.4.1)：一是天齐路泵站方向来水，主要收集徐州工业职业技术学院、万科城生活污水，BOD 浓度 38 mg/L；二是三环北路泵站方向来水，BOD 浓度 31 mg/L，主要收集聋哑学校和泉山经济开发区污废水，其中泉山经济开发区徐丰路泵站 BOD 浓度 20 mg/L；三是华润路方向来水，由于地铁施工无法进行取样，根据以往的检测结果判断，该方向来水 BOD 浓度低于 30 mg/L。

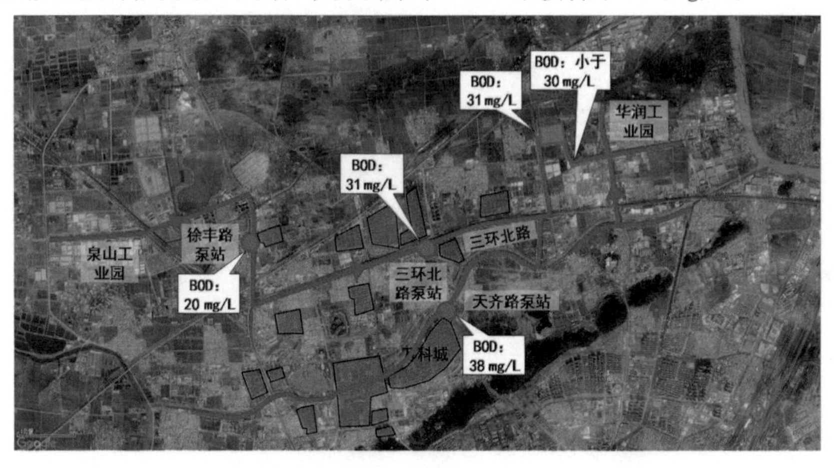

图 9.4.1　丁万河污水处理厂管网沿线水质情况

丁万河污水处理厂目前总水量为$(1.5\sim1.6)\times10^4$ t/d，其中徐丰公路泵站日均送水$(0.15\sim0.16)\times10^4$ t；三环北路污水泵站日均送水$(0.3\sim0.5)\times10^4$ t；天齐路污水泵站日均送水$(0.08\sim0.1)\times10^4$ t；华润路日均来水$(0.8\sim0.9)\times10^4$ t。

根据水质检测及管网检测成果初步分析，天齐路泵站上游片区主要为居住区，但由于丁楼河过河管、沿丁万河南岸污水主管道渗漏较为严重，造成污水浓度较低；泉山经济开发区、华润路周边主要为工业企业，污水浓度较低。

9.5　存在的问题

(1) 配套管网渗漏严重。丁万河污水处理厂配套管网整体质量较差，丁万河南岸中山路以东段污水管道变形堵塞不通，污水溢流；丁万河南岸天齐路以西污水管道错口、脱节、渗漏严重；三环北路污水主干管破裂严重；丁楼河、杨山村过河管破裂、渗漏严重。

(2) 配套管网不完善。丁万河污水处理厂服务片大部分区域属城乡结合地带，污水管网不完善。拾西村、张小楼社区片等尚未接入污水管道，污水直排入河，严重影响河道水质。

(3) 工业污水占比较大。丁万河片区为徐州市新开发区域，成熟居住区较少，工业废水量占丁万河污水处理厂总进水量的70%以上，以机械加工制造业为主，进水浓度低。

9.6 水质提升目标及可达性分析

2018年丁万河污水处理厂进水平均BOD浓度为35.36 mg/L，但2019年5月徐丰路泵站运行后，泉山经济开发区低浓度工业废水进入污水处理厂，2019年6、7月进水BOD浓度约25 mg/L，较2018年及2019年前五月显著降低。

丁万河片区近年来开发力度较大，徐矿城、苏宁悦城、港利上城国际、九里新秀、鱼先生的社区等小区已建成，加之张小楼社区污水接入污水管道，2021年年底，丁万河污水处理厂新增生活污水量约3 000 t/d。此外，丁万河污水处理厂配套管网修复后，管网外水渗入量显著降低。

综合分析，至2021年年底，丁万河污水处理厂进水BOD浓度不低于60.11 mg/L，较2018年提高70%以上。

9.7 提升方案

丁万河污水处理厂共实施消除管网空白区、管网排查与改造修复以及污水提升泵站三大项工程，其中管网排查与改造修复为重点。

1. 消除管网空白区

丁万河污水处理厂服务范围主要有拾西村、张小楼片区、陈庄村、临黄村四个管网空白区。

(1) 拾西村排水工程。结合拆迁消除。

(2) 张小楼片区排水工程。在张小楼小区与中欧尚郡之间道路处顶进施工DN1000污水管道70 m，过路接入徐丰公路西侧现有DN800污水管道；在徐丰公路东侧现有DN1000雨水管道入拾屯河处新建截污闸1座。

(3) 陈庄村排水工程。在陈庄河入河支沟新建3座溢流堰，新建小型污水提升泵站1座，敷设DN90 PE管0.29 km；沿汇文学校北、陈庄河西岸向北敷设

DN400 污水管道 0.55 km 接至腾飞路已建污水管网。

(4) 临黄村排水工程。对临黄村片区三处入故黄河排水口进行建闸控制，沿故黄河西岸敷设 DN400 污水管道 710 m，在振园路东新建 500 m^3/d 一体化污水处理设施 1 座，占地面积约 600 m^2。

2. 管网排查与改造修复

计划分年度对丁万河污水处理厂配套管网进行排查，对缺陷管网进行修复，结合道路建设完善雨污水管网。

(1) 管网排查

2020 年对丁万河片区排水管网进行排查。

(2) 管网改造修复

① 徐州市 2019 年度市区污水过河管检查应急维修工程。对万寨村桥南过河管、丁楼河河口过河管、杨山村过河管进行修复。

② 2021 年对排查出的问题管网进行改造修复。

(3) 新建管网

结合丁万河南路、时代大道东延、徐丰路建设，新建雨污水管道。

① 丁万河南路排水管网工程。徐运新河至中山路新建 DN800 污水管道 1 km、DN600～DN1000 雨水管道 2.4 km。

② 李沃南路排水管网工程。中山北路至苏洋热电厂新建 DN500 污水管道 0.8 km、DN600～DN1000 雨水管道 1.6 km。

③ 李沃北路排水管网工程。中山北路至规划徐运新河路新建 DN500 污水管道 1.1 km、DN600～DN1000 雨水管道 2.2 km。

④ 李沃东路排水管网工程。丁万河南路至李沃南路新建 DN600～DN800 污水管道 1.5 km、DN600～DN1500 雨水管道 3.0 km。

⑤ 徐矿西定销房配套道路排水管网工程。沿徐矿西定销房北路新建 DN500 污水管道 0.54 km、DN600～DN1200 雨水管道 1.1 km；沿徐矿西定销房西路新建 DN500 污水管道 0.52 km、DN600～DN1200 雨水管道 1 km。

⑥ 新台一路排水管网工程。三环北路至鼓楼区界新建 DN500 污水管道 0.7 km、DN600～DN1200 雨水管道 1.5 km。

⑦ 纬二路二期排水管网工程。香山路(金虹路)至莲湖路(兴隆路)新建 DN500 污水管道 0.85 km、DN600～DN1200 雨水管道 1.7 km。

⑧ 纬三路二期排水管网工程。香山路(金虹路)至莲湖路(兴隆路)新建 DN500 污水管道 1.1 km、DN600～DN1200 雨水管道 2.2 km。

⑨ 经四路二期排水管网工程。纬二路二期至顺堤路新建 DN500 污水管道 0.65 km、DN600～DN1000 雨水管道 1.3 km。

⑩ 经一路二期排水管网工程。香山路至祥湖路（矿南路）新建 DN500 污水管道 1.5 km、DN600～DN1500 雨水管道 3 km。

⑪ 康乐北路排水管网工程。鑫源路至腾达路新建 DN500 污水管道 0.4 km、DN600～DN1000 雨水管道 0.8 km。

⑫ 康乐南路排水管网工程。同发路至腾飞路新建 DN500 污水管道 0.18 km、DN600～DN800 雨水管道 0.36 km。

⑬ 宏盛南路排水管网工程。腾飞路至庞夹路新建 DN500 污水管道 0.9 km、DN600～DN1200 雨水管道 1.8 km。

⑭ 开源路排水管网工程。腾飞路至莲湖路新建 DN500 污水管道 1.1 km、DN600～DN1500 雨水管道 2.2 km。

⑮ 时代大道东延排水管网工程。徐丰路至平山路新建 DN500～DN800 污水管道 2.2 km、DN600～DN1500 雨水管道 4 km。

⑯ 徐丰路排水管网工程。三环北路至京台高速新建 DN500～DN800 污水管道 7 km、雨水管道 10 km。

3. 污水提升泵站

城北开发区时代大道以北片区地势较低，片区污水无法自流接入时代大道已建污水管道。区域内永宁汽车博览园、九里驾照考场已建成，沿隆兴路、香山路、兴安路以及邓庄河敷设有污水管道，未与时代大道接通，片区排水无出路。

根据规划，在腾达路与纵一路交叉口西南角新建 1.5×10^{4} t/d 污水提升泵站 1 座，沿纵一路新建 DN600 出水管 600 m，接入时代大道污水管道。

第10章　徐州市污水提质增效达标区建设工程

三八河片区达标区总体方案，完成主城区8个达标区（重点完成5个非拆迁达标区）建设：

① 达标区内三八河、老房亭河、三道中沟等河道口门处理；

② 和平壹号、云龙华府、世茂天城等34个小区雨污水管网修复改造；

③ 庆丰路、黄山大道、郭庄路等沿街餐饮、理发、洗车等小散乱整治；

④ 云兴小学、树人中学、农贸市场等单位庭院雨污分流改造等以及水处理、河道改迁、积水点治理等其他工程。

10.1　消除黑臭水体及污水直排口

达标区主要涉及三八河及老房亭河2条主要河道，均不属于黑臭水体，水质状况良好。但存在污水溢流等状况，调查情况如图10.1.1和图10.1.2所示。三八河及老房亭河口门情况见表10.1.1和表10.1.2。

本次调查三八河沿线共找到24处排口，5处排口有旱流污水排出，排口淹没深度超过1/2的有11处。

排口位置

污水流出

图10.1.1　三八河口门调查位置图

房亭河现状水位较低（特别是西侧），排口基本裸露在外。本次调查老房亭河沿线共找到13处排口。房亭河北侧共存在9处，已封堵4处，且有1处渗漏，1处外排流量较大；房亭河南侧存在4处排口，暂未发现旱流污水外排。

污水流出
排口位置
已封堵位置
已封堵现泄露

图 10.1.2　老房亭河口门调查位置图

表 10.1.1　三八河口门情况表

序号	具体位置	是否存在旱流污水	排口状态
1	汉景大道与备战路交叉口	否	无水
2	汉景大道与备战路交叉口	否	无水
3	汉景大道与备战路交叉口	是	明显污水流出
4	汉景大道与备战路交叉口	否	无水
5	民富园西侧	否	淹没深度超 1/2
6	云龙区检察院公寓东侧	否	无水
7	云龙区检察院公寓东侧	否	无水
8	备战路与和平路交叉口东侧	否	淹没深度超 1/2
9	德政路与和平路交叉口西侧	否	淹没深度低于 1/2
10	黄山路与和平路交叉口	否	淹没深度超 1/2
11	民富园北门	否	淹没深度超 1/2
12	民祥园北门	是	明显污水流出
13	民祥园路与和平路大道交叉口西侧	是	明显污水流出
14	民祥园路与和平路大道交叉口东侧	否	淹没深度超 1/2
15	庆丰路与三八河南路交叉口西侧	否	淹没深度超 1/2
16	庆丰路与三八河南路交叉口东侧	否	淹没深度超 1/2
17	庆丰路与三八河南路交叉口东侧	否	淹没深度超 1/2

表 10.1.1(续)

序号	具体位置	是否存在旱流污水	排口状态
18	经一路与三八河南路交叉口东侧	否	淹没深度超 1/2
19	云苑路与三八河南路交叉口东侧	否	淹没深度超 1/2
20	橡树湾北侧	否	淹没深度超 1/2
21	橡树湾北侧	是	明显污水流出
22	橡树湾北侧	否	淹没深度低于 1/2
23	汉源大道西侧	是	明显污水流出
24	一号路桥西侧	否	无水

表 10.1.2　老房亭河口门情况表

序号	具体位置	是否存在旱流污水	排口状态
1	开明市场南侧	否	封堵
2	开明市场南侧	否	无水
3	开明市场南侧	是	封堵,漏水
4	开明市场南侧	否	封堵
5	名途电商园区南侧	否	淹没深度超 1/2
6	名途电商园区南侧	否	封堵
7	名途电商园区南侧	否	淹没深度超 1/2
8	名途电商园区南侧	否	淹没深度超 1/2
9	金山福地南侧	是	污水直接入河
10	银座东城丽景南侧	否	淹没深度超 1/2
11	翰林花园北区北侧	否	淹没深度超 1/2
12	翰林花园北区北侧	否	淹没深度超 1/2
13	保利鑫城北侧	否	无水

10.2　小区及公建等达标建设

10.2.1　现状问题

根据初步统计,云龙区 2021 年度达标区约有 34 个小区,以及云龙区政府、云兴小学、土山寺农贸市场等单位,基本均为雨污分流体制,但均存在错接等问题。

典型问题如图 10.2.1 和图 10.2.2 所示。

图 10.2.1　云龙区 2021 达标区典型小区——和平壹号存在问题

存在问题

1. 单元楼南侧洗衣废水排入雨水沟，汇入雨水系统；
2. 部分低层住房私接厨房水入排水明沟；
3. 小区东南侧入云祥路市政雨水管网排出口有洗衣废水排放；
4. 23 号楼前有私接排水管道入市政道路雨水口；
5. 井盖错盖。

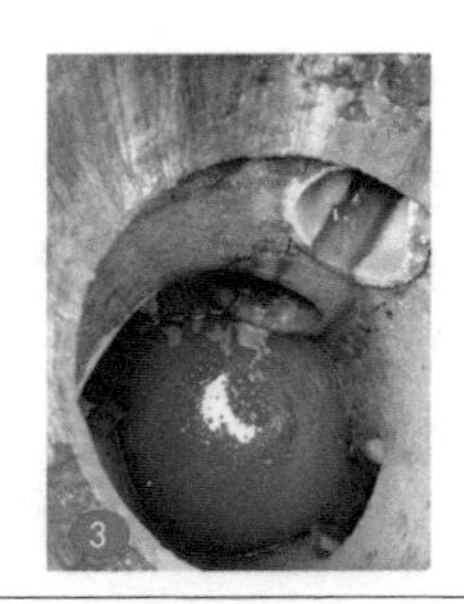

图 10.2.2　云龙区 2021 达标区典型小区——尚仕名邸存在问题

(1) 目前云龙区 2021 达标区排水管网均按照雨污分流体制建设，但小区内道路下雨污混接情况较多。

(2) 部分小区阳台立管雨污分流，但到地面后又接入同一排水井；部分小区有居民将厨房水私自接出入地散排；部分小区阳台仅一根雨水立管，阳台洗衣机排水入雨水管道。

10.2.2 问题评估

须对达标区所有小区及公建的雨污水管网进行全面的疏通以及检测评估工作，排查检测出现有管网的结构性、功能性缺陷，混接、错接及乱接点，通过对缺陷管网维修及错接乱接点改造，可防止地下水入渗、外水进管，对污水的收集具有重要作用。

可以通过人工判断、QV 及 CCTV 技术结合使用，对管道现状进行分析、评估，有效地查明管道内部防腐质量、腐蚀状况及涌水管道、涌水点的准确位置，科学全面地了解管道的现状，编写管道现状报告，并对排水管道运行质量及功能进行评价，为管道的定点修复、新铺管道的竣工验收以及管道修复前的方案设计、修补过程中的施工监测、修补后复测等提供经济、有效的检测方法。

管网功能性缺陷排查的内容主要包括雨污水管道的管径和高程、错接、漏接、混接、管道淤塞、检查井底淤积等；管网结构性缺陷排查的内容主要包括雨污水管道的开裂渗漏、沉降错位、检查井井底井壁破裂等。

管网排查针对小区雨落管、排水管、排水口、检查井、排水管道、边沟等，重点对阳台排水、雨落管、边沟、检查井等进行排查。对排查结果进行分析，排查出阳台排水情况、雨污管道错接乱接点，提出管网需要改造的重要节点及问题区域。

10.2.3 改造方案

典型小区改造方案如图 10.2.3 和图 10.2.4 所示。

1. 居住小区排水管网修复

针对管网检测后排查梳理出的缺陷点，特别是保留使用的管网，进行整改。在排查时若发现并初步判断为功能性缺陷或结构性缺陷的管段，针对功能性缺陷，可现场及时施工，解决管道功能性缺陷。

2. 居住小区雨污分流改造

完善分流制区域的污水收集系统，主要包括：

(1) 对于原管网为分流制系统但混接严重的小区，可采用新建一套污水收集系统的方式，也可以采用新建一套雨水收集系统的方式；

(2) 对于原管网为分流制系统但混接轻微的小区，可采用查找混接源头的方式，将混接的污水管改接至污水系统，混接的雨水管改接至雨水系统；

(3) 对于在阳台放置洗衣机，将洗衣废水排放至屋面雨水立管的小区，须将原落水立管接入污水管道，新建小区屋面雨水立管，且新建的屋面雨水立管应与埋地雨水管的连接断开，雨水经地面漫流后收集至埋地雨水管；

(4) 对小区内庭院排水进行排查，发现错接混接的，指导其改造正确接管。

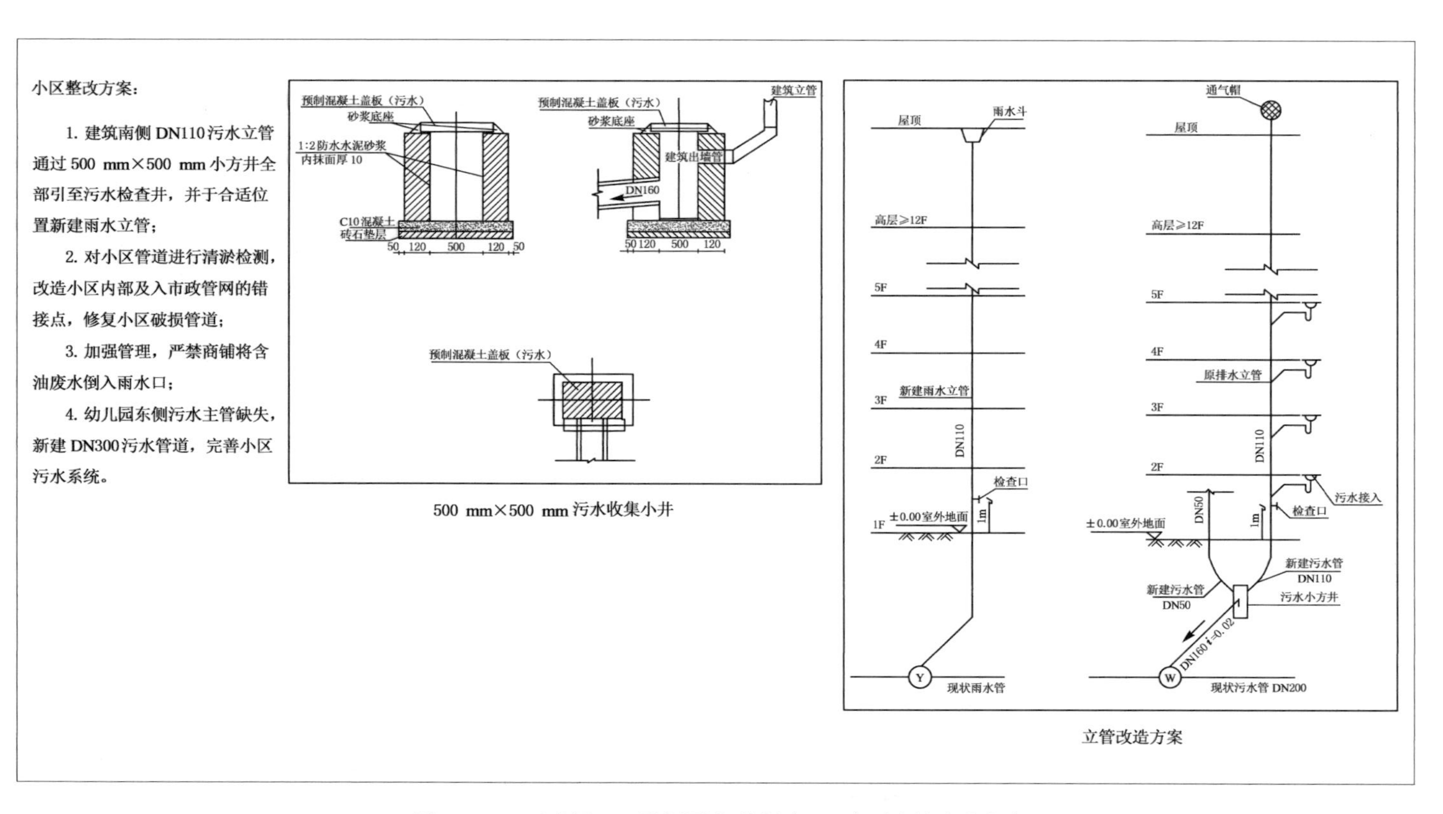

图10.2.3　云龙区2021达标区典型小区——和平壹号改造方案

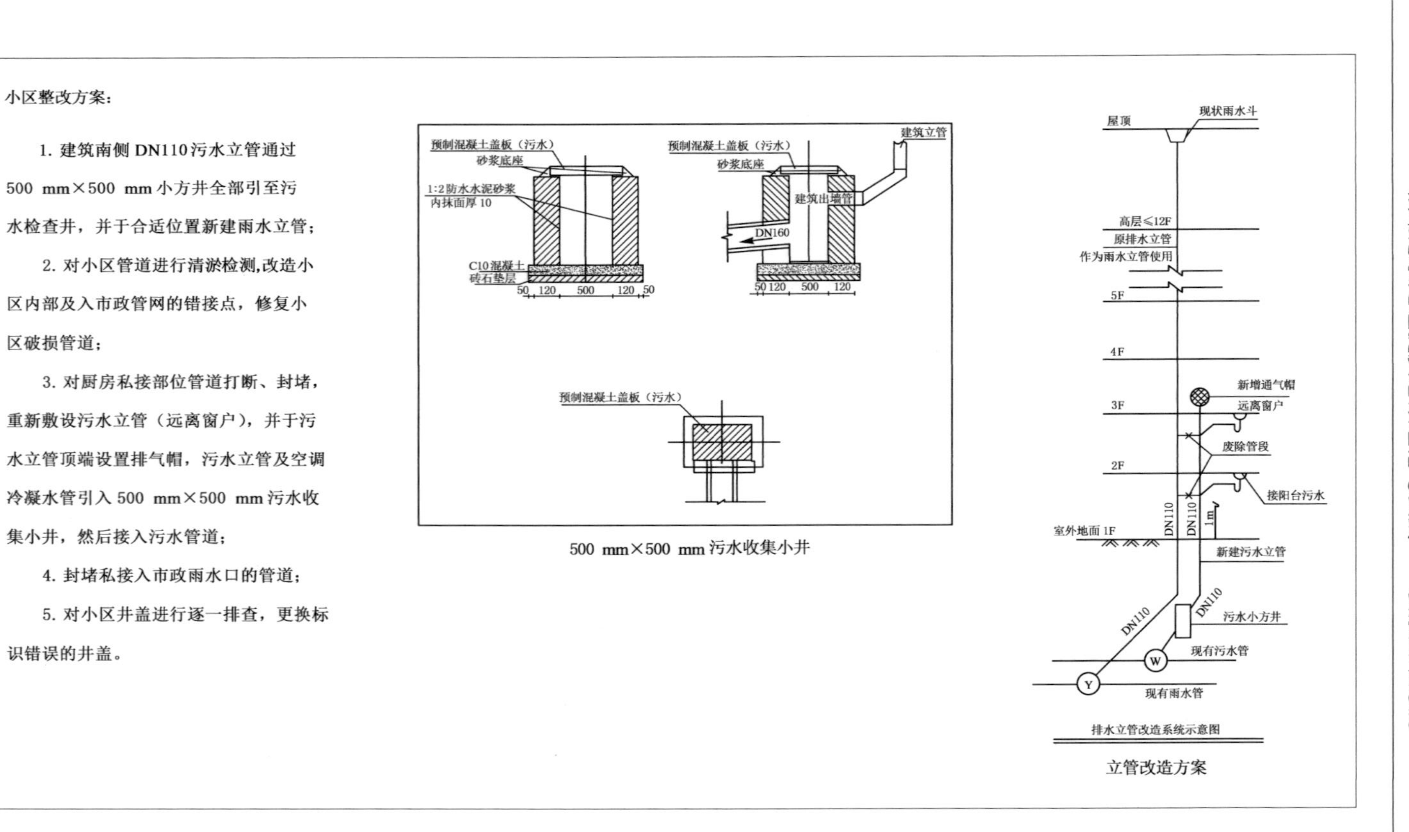

图10.2.4　云龙区2021达标区典型小区——尚仕名邸改造方案

(5) 鼓励结合小区“海绵城市”建设,因地制宜实施雨水“地上走”,污水“地下走”。

10.3　小散乱达标建设

沿街为主的农贸市场、小餐饮、夜排档、理发店、洗浴中心、洗车场、洗衣店、小诊所等“小散乱”排水户和建设工地等存在私搭乱接、不规范排水等问题,如餐饮店泄水或油污水直接通过雨水箅子、雨水支管排入雨水管道并直排环境水体,而“小散乱”又存在点多分散的特点,管理、改造难度大,须加大整治和管理力度。典型问题见图 10.3.1 和图 10.3.2。

一、经一路问题:
1. 一片区污水井数量偏少,污水服务范围不足;
2. 二片区污水井淤堵严重;
3. 三片区污水井简小,不利于检修;管道管径小,淤堵严重,井座稳定性差;
4. 四片区无污水收集设施。

图 10.3.1　云龙区 2021 达标区典型小散乱——经一路存在问题图

10.3.1　建立沿街商铺信息登记制度

根据现场调研及走访,目前云龙区 2021 年达标区主要商铺布局在经一路、云和路、民富大道、庆丰路、民祥园路等沿线。初步排查约有 1 200 家存在排水需求的商户。虽然已经随路新建了污水管道及支管,但是仍然存在大量的混接问题,污水通过雨水箅、雨水支管等最终入河。

须进一步组织生态环境、市场监督、卫生、排水、城管等部门或委托专业机构,对沿街店铺、餐饮、洗浴中心、洗车等行业进行全面排查,并登记名称、地址、法人代表、经营项目、日排水量、主要污染物及浓度、预处理设施、排水走向等信息,便于进一步改造及日常巡视管理。

二、云和路现状：
1. 云和路（和平壹号1期西侧）南侧存在DN400道路污水管；
2. 商铺门口存在完善的DN300污水管，商铺污水经出户管排出后汇入污水总管；
3. 和平壹号小区南侧、北侧、西侧存在排水沟且南侧排水沟在内，污水管在外。

图 10.3.2　云龙区2021达标区典型小散乱——云和路存在问题

10.3.2　合理实施沿街商铺污水系统改造

采取疏堵结合的工作方法，结合市政、居住等污水管网建设和改造，组织做好经营性排水单位和个体排水户的接驳，因地制宜为已有街边商铺提供“污水收纳口”，确保沿街“小散乱”商铺、市场和个体工商户排放污水有序纳入市政污水管网。同步配套建设污水预处理措施，主要包括：餐饮业应设置隔油池；洗车业应设置沉砂池；洗浴业应设置毛发收集器；农贸市场应针对性设置拦污格栅、隔油等措施；建设工地应按要求设置沉淀池，施工降水或基坑排水应避免排入城市污水收集处理系统，生活污水严禁排入雨水管道；其他行业应按照相关行业标准执行预处理措施，接管污水应满足《污水排入城镇下水道水质标准（GB/T 31962—2015）》。典型小散乱改造方案见图10.3.3。

10.3.3　建立排水管理及监督制度

组织排水及环保、市场监督局、卫生、城管等部门，对沿街店铺、餐饮、洗浴、洗车等行业进行验收，核发排水许可证，登记名称、地址、法人代表、经营项目、日排水量、主要污染物及浓度、预处理设施、排水走向等信息，重点标识排水点，建立日常巡视管理制度。对新增排水户按要求规范排水，核发排水许可证，对私自改造、非法接管的排水户，严格执法，限期整改。对临时排档及摊点等移动排水点监督执法，规范引导排水去向。结合市场整顿和经营许可、卫生许可管理，加大对雨污水管网私搭乱接、污水乱排直排等行为的联合执法力度，严禁向雨水收集井倾倒污水和垃圾，探索将违法排水行为纳入信用管理体系。大力拆除沿河

一、经一路改造方案：

1. 一片区在污水井距离较远的地段重新纳管，将商铺污水出户管接入新建污水井；
2. 二片区污水管道进行清淤检测，存在二级及以上功能性及结构性缺陷管道进行原位更换；
3. 三、四片区重新纳管，新建管道采用 PE80（0.8 MPa），将新建管道接入市政污水管道；四片区开挖探沟，若有污水出户管，则接入新建污水井，若无，则在商铺建筑附件预留接管，便于日后用户接驳；
4. 在管网末端加设钢筋混凝土隔油池，对含油废水进行二次处理；
5. 油污较小的餐饮店内加油水分离器，进行隔油处理。

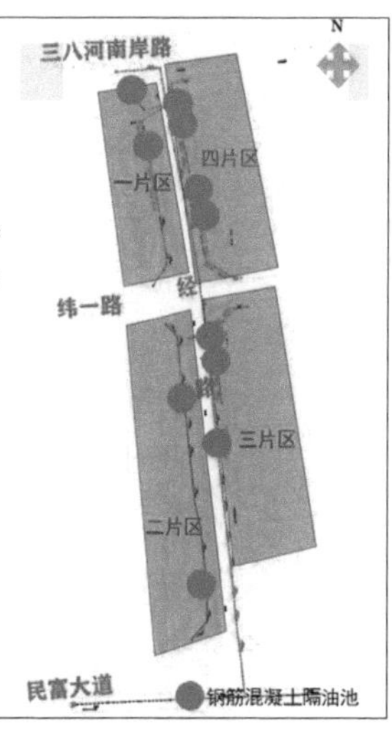

图 10.3.3　云龙区 2021 达标区典型小散乱——经一路改造方案

湖违法建筑，严控侵占河道蓝线行为，从源头控制污染物进入水体。

市场监督管理部门负责协助小餐饮、夜排档、理发店、洗浴中心、洗车场等“小散乱”排水户的排查登记工作，参与联合执法；城管部门牵头开展餐饮（饭店）、夜排档、洗车行业整治，重点做好生活垃圾、泔水、废水等不按规范处置行为，并为其他整治牵头部门提供政策指导，参与联合执法；商务部门负责牵头农贸市场、商业网点、商品交易市场等市场区域排水户的排查登记和整治工作；教育部门负责组织开展宣传教育进校园活动，牵头开展各类校园、培训机构等区域的污水管网排查整治工作；卫生健康部门牵头开展宾馆沐浴业和医疗机构污水管网排查整治以及医疗废水预处理工作；自然资源和规划部门负责污水处理设施用地审批保障等工作；发改、交通、财政、文旅等有关部门按照部门职责，协同做好相关工作。

主要参考文献

[1] 白若男.供排水管网检测技术发展现状[J].企业科技与发展,2022(2):43-45.
[2] 常桂影.浅析城市给排水管道基础施工技术措施[J].科技创新与应用,2015(12):139.
[3] 陈海英.浅谈几种新型市政排水管材[J].现代营销(下),2011(8):294.
[4] 陈逸,石立国,周亚超,等.地下管道清淤技术在城市水环境治理中的应用[J].施工技术,2020,49(18):16-19
[5] 樊晓军.市政道路排水施工技术分析[J].四川建材,2022,48(7):178-179.
[6] 房宣臣.市政道路现状排水管道清淤修复技术研究[J].铁道建筑技术,2022(10):163-166.
[7] 付仲良,李金涛,范亮.排水管网 GIS 数据入库与更新方法研究[J].地理空间信息,2016,14(2):36-38.
[8] 高珊珊,赵雷,刘继.塑料排水管材中的材料选择与研究[J].塑料工业,2018,46(11):111-114
[9] 顾清.拖拉管管道敷设工艺在过路穿管工程中的应用[J].中国市政工程,2009(2):38-39.
[10] 管光彬.市政管网工程中顶管施工工艺分析[J].门窗,2019(16):99.
[11] 郭涛.城市排水管网检测技术现状及发展趋势[J].福建建筑,2015(4):42-45.
[12] 何平.微型顶管技术在实际工程中的应用[J].工程技术研究,2017(9):37-39.
[13] 何颖然.南海区试点工业园区“污水零直排”建设工作的实践分析[J].现代工业经济和信息化,2022,12(5):82-84.
[14] 洪伟.市政给排水施工中 HDPE 管施工技术研究[J].城市道桥与防洪,2018(8):250-252.
[15] 侯帮早.GIS 的工作原理及其在测绘工程中的应用研究[J].中国新技术新产品,2014(23):23.
[16] 胡茂锋,吴志炎,石稳民,等.城市主干排水暗涵高效清淤技术研究与应用[J].市政技术,2022,40(6):40.
[17] 黄宝旺,张习加,张净霞,等.牵引式管道清淤机器人无线通讯系统设计

[J].机床与液压,2016,44(17):29-32.
[18] 黄超,揭敏,席鹏,等.管道淤堵的清淤技术应用[J].施工技术,2019,48(24):85-88.
[19] 金俊伟,朱松,元鹏鹏,等.城镇供排水管网检测技术与管理[J].中国科技信息,2023(2):125-127.
[20] 雷庭.排水管道非开挖修复技术研究及工程应用[D].北京:北京工业大学,2015.
[21] 李旦罡,遆仲森.城市地下管线非开挖修复更新技术的探讨[J].城市勘测,2018(S1):247-250.
[22] 廖宝勇.排水管道 UV-CIPP 非开挖修复技术研究[D].武汉:中国地质大学,2018.
[23] 廖红宇.浅谈排水管网系统中管材的选用[J].城市道桥与防洪,2007(7):79-81.
[24] 林巧明.城市排水管网地理信息系统设计与实践[J].福建建筑,2015(1):95-97.
[25] 刘宏伟.浅析市政工程道路排水管道施工技术要点[J].科技资讯,2016,14(1):158.
[26] 刘奇.应用 CCTV 检测技术进行排水管道检测评估[J].福建建材,2022(8):74-77.
[27] 刘阳.基于 GIS 技术的城市排水管网系统应用研究[J].信息记录材料,2022,23(1):192-195.
[28] 龙腾锐,何强.排水工程[M].北京:中国建筑工业出版社,2011.
[29] 卢炯元.新型管材在排水工程中的应用发展[J].中国建材科技,2015,24(2):47.
[30] 鲁大伟,于万利,旷小军.浅谈城镇污水管网清淤检测技术[J].人民黄河,2020,42(S2):238-240.
[31] 罗刚,华铮,李美,等.无锡市城镇污水提质增效三年行动实施方案浅析[J].城市道桥与防洪,2021(2):5.
[32] 马保松.非开挖管道修复更新技术[M].北京:人民交通出版社,2014.
[33] 梅峰,吴本清,孙大勇.常用给排水管材的比较与选用[J].科技传播,2014,6(17):160-161.
[34] 苗秀荣.浅谈排水管材的种类与选用[J].四川建材,2006,32(6):216-217.
[35] 牟乃夏.城市管网地理信息系统的数据模型与数据集成机理研究[D].武汉:中国地质大学,2006.

[36] 牟乃夏,张灵先,邓荣鑫.城市管网地理信息系统的数据模型与数据集成机理研究[M].北京:测绘出版社,2018.
[37] 盛荻.排水系统提质增效工作思路探讨[J].山西建筑,2021,47(14):96-98.
[38] 石长恩.城镇污水处理厂提质增效解决思路和方向[J].资源节约与环保,2021(10):97-99.
[39] 史凤渝.城市黑臭水体整治重点难点分析及解决措施:以盐城东台市黑臭水体治理为例[J].工程技术,2022(1):115-118.
[40] 苏州市水务局.关于印发《苏州市排水管道建设与检查修复技术规定(试行)》的通知[R].苏州:苏州市人民政府办公室,2019.
[41] 泰州市住房和城乡建设局.关于加强市政管道工程质量管理的通知[R].泰州:泰州市住房和城乡建设局办公室,2017.
[42] 汤珮珺,廖翌.排水管网地理信息系统(GIS)在档案管理方面的应用[J].城建档案,2015(1):67-69.
[43] 唐河丽.浅析市政排水管材选用及工程施工管理[J].民营科技,2016(3):268.
[44] 唐建国.工欲解黑臭 必先治管道:《城市黑臭水体整治:排水口、管道及检查井治理技术指南》解读[J].给水排水,2016,42(12):1-3.
[45] 汪翙.给水排水管网工程[M].2版.北京:化学工业出版社,2013.
[46] 王晶晶.新型给排水管道技术经济比较研究[D].武汉:武汉科技大学,2005.
[47] 王申.GIS技术在北京市市政排水管网控制管理的应用研究[D].北京:北京建筑大学,2017.
[48] 王永涛,朱珺,李东明,等.市政排水管道检测中的声纳成像系统设计[J].电子技术应用,2017,43(1):111-113.
[49] 吴甜,刘奇.紫外光原位固化法非开挖技术在管道修复中的应用[J].水利水电技术(中英文),2021,52(S2):143-147.
[50] 武玉萍.城市排水管网地理信息系统的设计与应用研究[D].沈阳:沈阳建筑大学,2015.
[51] 熊振长.城镇排水管网提质增效措施研究[J].清洗世界,2023,39(3):167-169.
[52] 严煦世,刘遂庆.给水排水管网系统[M].3版.北京:中国建筑工业出版社,2014.
[53] 杨辉.城市黑臭水体整治中排水口治理技术[J].住宅与房地产,2017(29):221.

[54] 杨阳,李东德,芮建明.实时三维多波束声呐在海底管道勘测中的应用[J].水道港口,2021,42(6):820-823.

[55] 叶子豪,申永刚,张燕,等.基于探地雷达技术的海砂覆土中供水管道漏损检测试验研究[J].科技通报,2022,38(10):59-64.

[56] 袁金,刘坤.常用市政排水管材选用因素的探讨[J].四川建筑,2018,38(4):237-238.

[57] 翟林鹏,李彬.城市排水管网GIS系统的建模研究与应用[J].江苏水利,2019(2):56-58.

[58] 张慧花.关于市政排水管网现状问题探讨[J].广东建材,2014,30(8):56-58.

[59] 张慧兴.浅谈市政道路排水管道施工技术要点[J].四川建材,2015,41(2):196.

[60] 张勤,李俊奇.水工程施工[M].2版.北京:中国建筑工业出版社,2018.

[61] 张晓凯,刘维佳.浅析建筑常用排水管材的选择[J].科技信息,2010(17):257.

[62] 赵福兵.论市政道路的雨污水管网施工关键技术[J].四川水泥,2021(4):110-111.

[63] 赵勇,陈泓源,杨静,等.地质雷达在排水管网安全隐患检测中的应用[J].西部探矿工程,2017,29(6):109-110.

[64] 郑辉,吴元昌.一种承插式钢筋混凝土管接头结构及施工方法:CN112344110A[P].2021-02-09.

[65] 郑伟.基于GIS的城市排水管网信息系统研究:以巢湖市排水管网为例[D].合肥:安徽建筑大学,2013.

[66] 智国铮,戴勇华,马艳.排水管网检测技术与分析方法研究进展[J].净水技术,2021,40(5):8.

[67] 中华人民共和国水利部.泵站设计规范[M].北京:中国计划出版社,1997.

[68] 周杨军,蒋仕兰,解铭,等.非开挖修复技术在城市排水管道维护中的应用[J].中国给水排水,2020,36(20):58-62.

[69] 朱春霞.市政工程地下排水管道施工工艺流程探析[J].科技创新与应用,2020(21):116-117.

[70] 朱军.排水管道检测与评估[M].北京:中国建筑工业出版社,2018.

[71] 朱玉清,张军.一种雨洪排口污水直排溯源定位的装置:CN218157837U[P].2022-12-27.